住宅户型改造设计宝典

户型改造万花筒

99个典型户型的改造设计图解

黄溜　歆静　等编著

机械工业出版社

本书从住宅户型内部着手，通过对户型改造与内部装饰搭配，营造出美好的家居环境。本书详细地介绍了常见的99套商品房的户型改造方式，文前配置有选房攻略，能帮助读者正确选择适合自己的户型。文中结合真实案例，包括改造前平面图、改造后平面图、实景照片、改造说明等组成元素，着重对改造后的实体场景进行详细讲解，重点介绍了改造过程中的灯光布置、色彩搭配、材料选用、风格设定等方面。本书图文并茂、案例丰富、趣味十足，所选配图色彩鲜明，具有很强的实用性与收藏价值。

本书可供室内设计师以及准备装修的业主阅读，也可作为各大中专设计 院校学生的参考读物。

图书在版编目（CIP）数据

户型改造万花筒：99个典型户型的改造设计图解 /黄溜等编著. —北京：机械工业出版社，2020.7

（住宅户型改造设计宝典）

ISBN 978-7-111-65811-5

Ⅰ.①户…　Ⅱ.①黄…　Ⅲ.①住宅—室内装饰设计—图解
Ⅳ.①TU241-64

中国版本图书馆CIP数据核字（2020）第098813号

机械工业出版社（北京市百万庄大街22号　邮政编码100037）
策划编辑：宋晓磊　责任编辑：宋晓磊　李宣敏
责任校对：张玉静　封面设计：鞠　杨
责任印制：孙　炜
北京华联印刷有限公司印刷
2020年8月第1版第1次印刷
184mm×260mm・13.5印张・245千字
标准书号：ISBN 978-7-111-65811-5
定价：79.00元

电话服务	网络服务
客服电话：010-88361066	机　工　官　网：www.cmpbook.com
010-88379833	机　工　官　博：weibo.com/cmp1952
010-68326294	金　书　网：www.golden-book.com
封底无防伪标均为盗版	机工教育服务网：www.cmpedu.com

前言

在房价日益增长的时代，要买到一套户型符合自己心意、价格又比较实惠的房子实在是太难。户型大且格局好的房子大多都比较贵，而且如今越来越多的房地产公司开始售卖精装房，但是业主们所选购的精装房并不能完全满足自己的生活需求，其中的布置也不一定都合心意，于是后期的改造在所难免。此外，即使是毛坯房，也会因为地理位置以及日照等因素的影响，影响居住舒适度和生活质量。在装修初期，需要对其进行合理的改造，再配上后期的硬装和软装，才能更好地营造出符合自身需要，能够长久生活的舒适的家。

目前，市场上有一些关于户型改造以及软装配饰的资料，大都比较分散，没有比较系统地进行讲解，且书籍中文字较多，容易使人产生疲倦感，多数人会倾向于观看图册或者关于住宅改造的电视节目，电视节目针对特定的户型与业主的要求邀请了不少设计师来对户型的改造进行分类讲解，还会在改造视频中配上相应的小贴士，以此方便观众更好地理解户型改造的方式。

本书结合了以往优秀书籍以及视频的优点，主要以图片为主，不仅有户型改造前和改造后的CAD图样，还配有改造说明，对于改造后的实体场景还进行了详细的讲解，以说明改造过程中灯光如何搭配，色彩如何呼应以及材质如何统一等。书中还介绍了选房攻略与系统的改造要素。本书图文并茂，趣味十足，不会使人感觉到乏味，所选择的配图色彩鲜明，具有一定的观赏性，文中还配有改造小贴士，帮助读者更好地阅读、理解。

本书介绍了99套不同户型改造的过程，包括不同面积、不同朝向以及不同格局的户型，连复式楼也包含在其中，十分全面。参与本书编写的还有汤留泉等。需要本书相关图样请联系编者，编者邮箱为designviz@163.com。

编　者

目录

超实用户型选购攻略

这样选房更实惠，找准最佳住宅户型

1 采光朝向

同一个小区内拥有许多不同规格的住宅，每一栋住宅的采光、朝向、通风等都会有所不同，而一般来说坐北朝南的住宅最舒适，其次是西南方。因此，在选购住宅时要先以建筑的物理条件与气候条件来进行户型的评估。了解清楚住宅所在区域的风向与太阳行径路线，可以明确地了解东西南北不同坐向户型的好坏，而在不考虑外在环境、景观状况的情况下，选择坐北朝南的户型，无疑是最佳的选择。

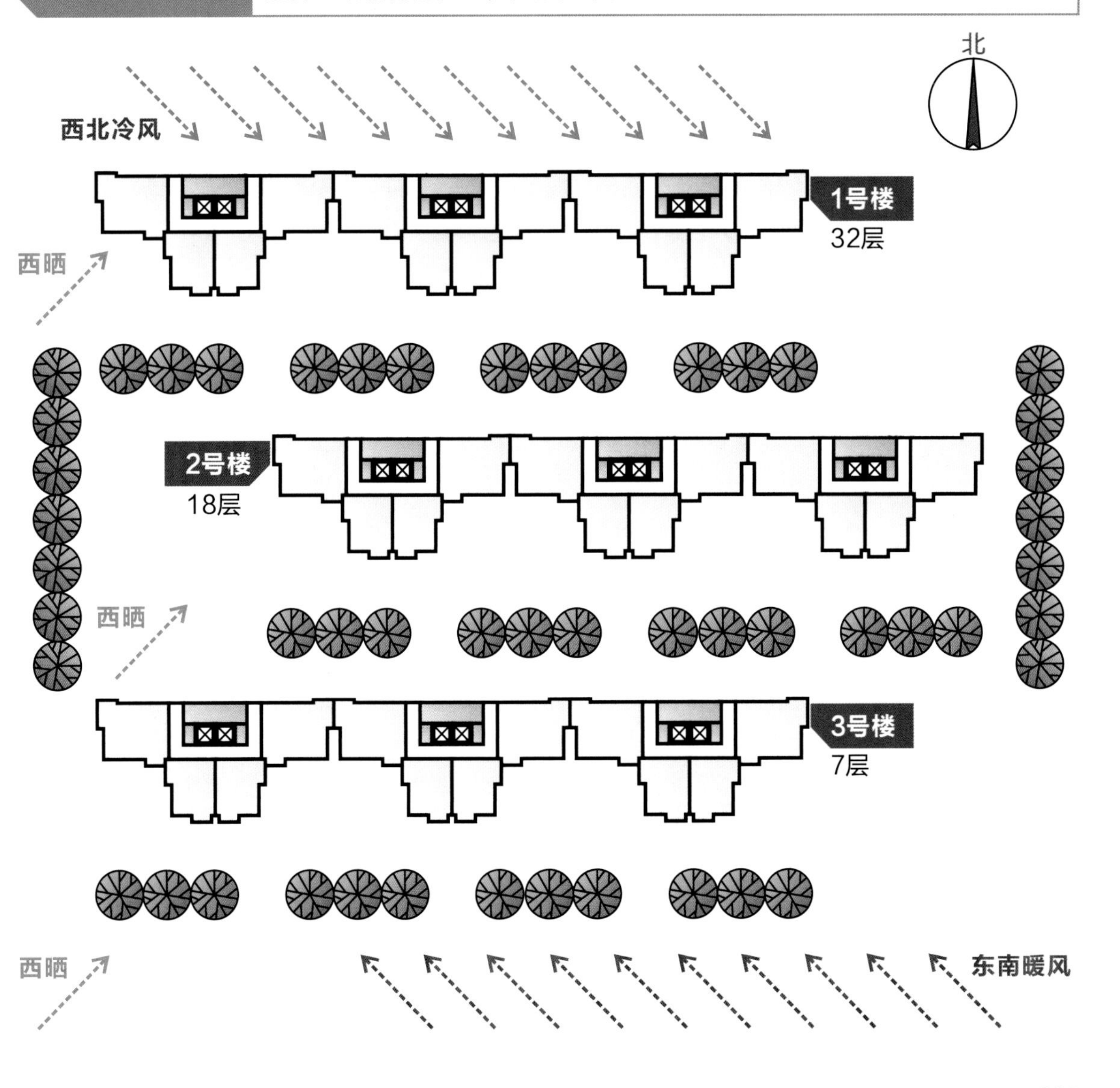

2 了解风向

分析：所有户型均为坐南朝北的房型，由北向南变低，1号楼必然会在冬季承受湿冷的北风与西北风的影响。1号楼的门窗密封应当加固，否则在室内会感到特别湿冷，另外还带有强烈的风噪，如果这片区域还属于邻山区的话，那么墙皮起鼓剥落就会频繁地出现。2号楼与1号楼位置交错，为了获得一部分通风，2号楼内住宅受到温暖的东南风影响较多，起居环境较好，室内空气流通。3号楼最低矮，通风受到周边建筑遮挡。

结论：2号楼优于1号楼和3号楼，选择2号楼任何楼层都不错，其次选择1号楼的中高层或3号楼的高层。

3 明确光照方向

分析：1号楼南面是中高层2号楼，因此1号楼的低层无日照。2号楼南面是低矮的3号楼，遮挡可以忽略不计，基本上一年四季都有阳光的照射，虽然2号楼难免会遇到西晒问题，但是2号楼位置靠东，相较于1号楼北面区域皆是阴面状况来说，住在2号楼的舒适度明显要比1号楼高许多，日常生活也会更方便。3号楼虽然低矮，但是要考虑未来南方是否会建新的高层建筑将阳光遮挡。

结论：2号楼日照情况整体优于1号楼，1号楼中高层也不错，3号楼阳光最充足，但是要考虑未来周边环境的变化。

4 挑选合适楼层

分析：一般来说，建筑顶层建筑墙顶面材料受风化影响，会有不同程度开裂，导致漏水，建筑越高，顶楼漏水层数越多。此外，夏季顶楼室内温度较高，虽然有隔热层，但是温度仍然要大大高于其他楼层。而建筑底层容易受到地面潮湿影响，室内容易发霉。因此，任何建筑的中间偏上楼层都是最佳的选择。1号楼9层以下的房价会普遍比较低，9层以上的户型，受到建筑法规与消防法规的规定限制，对于排烟与升降设施等有特定的要求，这也导致了9层以上的户型和9层以下的户型相比，增加了楼面公共设施的面积占比，因此9层以下户型的结构成本、消防成本均低于9层以上的户型，房价自然也较低。9层以上的户型，其抗震与消防要求也更为严格，所增加的成本都会反应到房价上。但不可否认的是高楼层的户型具有比较高的景观价值，对于追求艺术美，经济条件尚可的住户来说是不错的选择。此外，楼间距也是影响楼层舒适度的重要指标，但是目前房地产开发较多，楼间距已经没有设计指标来约束了，所以尽量选择中高楼层。可以在春秋时节注意观察日照状况，即使周围有建筑遮挡，一般在建筑高度的中央以上楼层均可享受阳光全天直射。

结论：1号楼选择9～28层，2号楼选择5～15层，3号楼选择3～6层，没有特殊情况，不要选择顶层和底层。

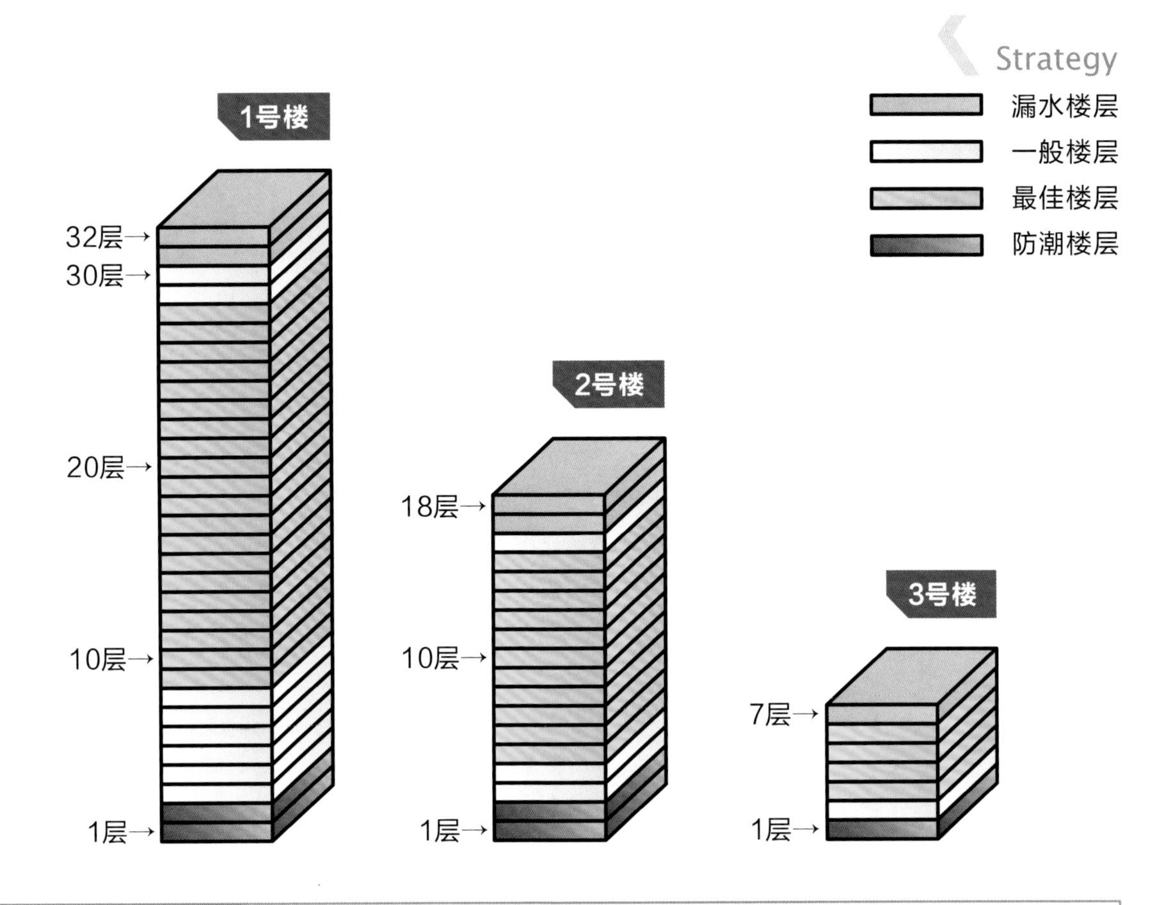

5 单元组合

分析：多个住宅单元组合能够节约占地面积，虽然现在很多新建住宅是独立单元，但是受各种因素影响，还是存在多个单元组合的建筑，当建筑的单元组合越多时，就会有越多户型的采光面减少，很多户型的采光面会被遮挡住，从而导致这些户型只有单面采光，严重影响日常生活。

结论：选择独立单元的户型为佳，选择东南朝向的户型为佳。

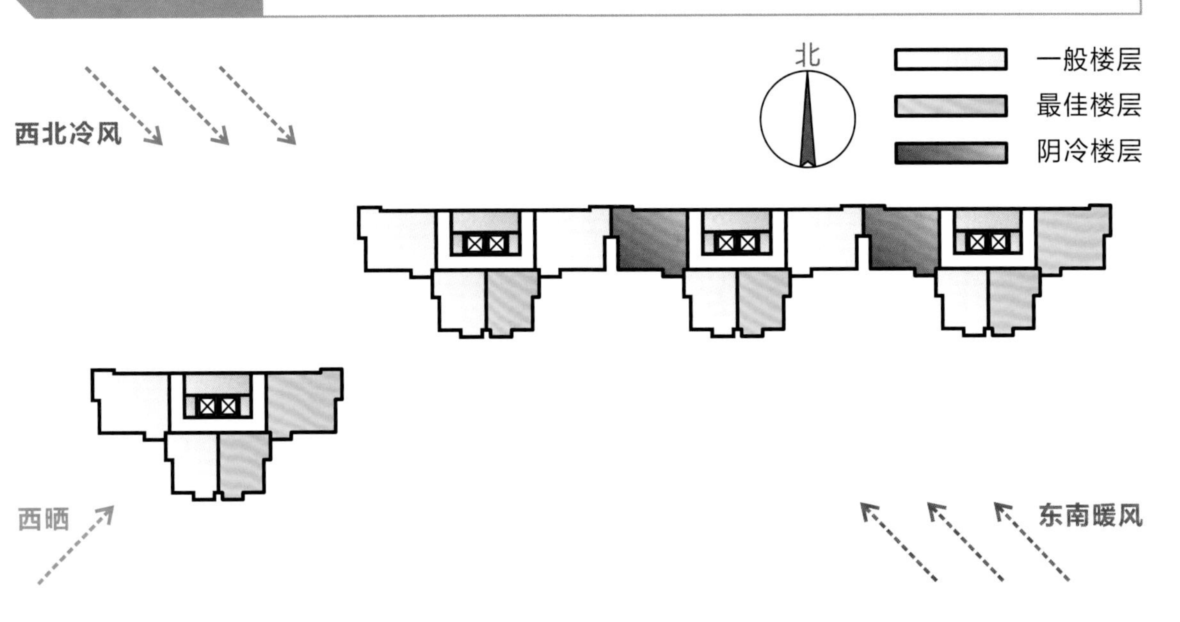

B 特异疑难户型设计攻略

没有设计不好的户型，只有想象不到的创意

1 倾斜户型

住宅内如果斜边过多一般是户型处于建筑边角部位，即使面积大，也会对日常生活产生比较大的影响。这类户型的空间利用率比较低，倾斜处也会不美观，需要通过对倾斜区域的改造以及软装配饰的综合利用来提升住宅价值，所需要的经济成本比较高。

转角户型的设计方法是将倾斜边集中在公共空间或面积较大的房间，这样倾斜形体就没那么明显了，也可方便各种家具布局。为了形成呼应，可以在室内转角处设计几处倾斜转角造型，这样就显得协调多了。

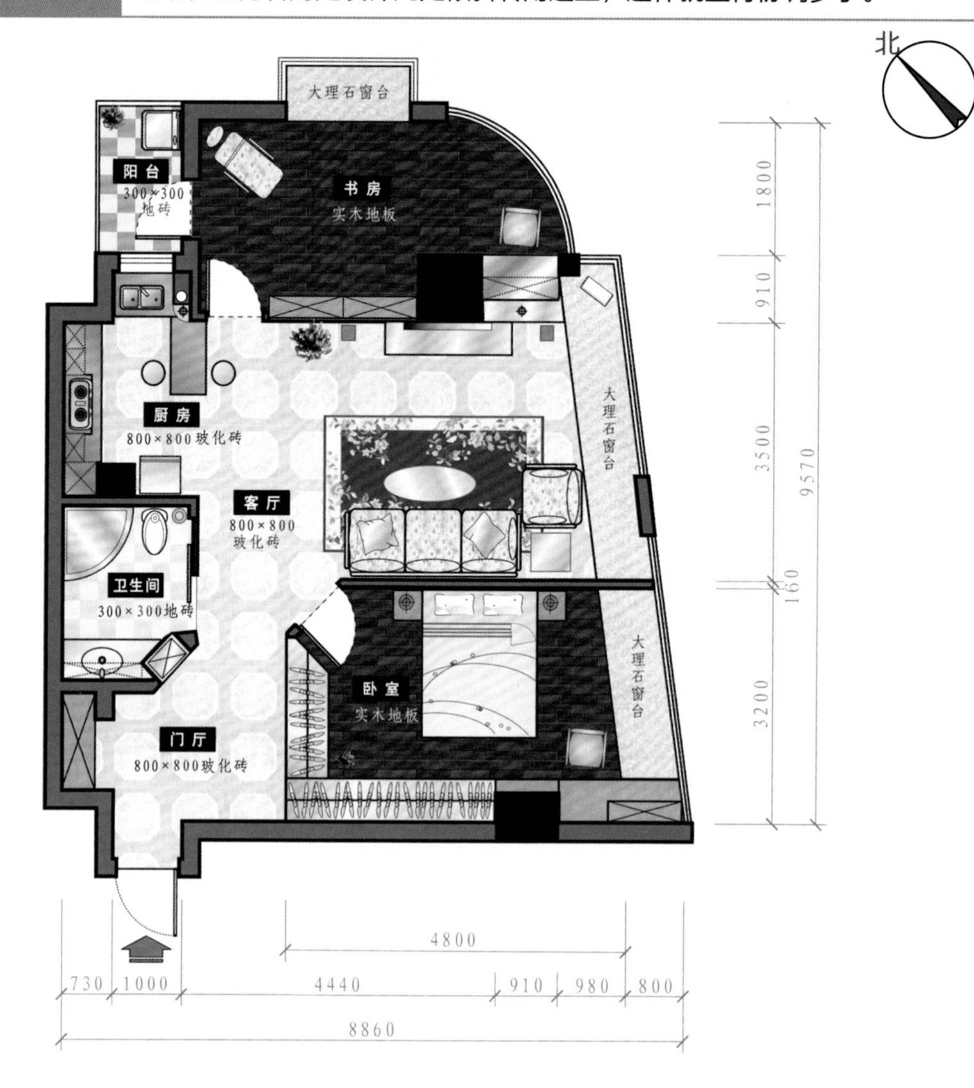

2 走道户型

住宅内存在走道空间，这对于空间面积利用率而言，是一种无形的浪费，因为走道处的空间几乎很难做到有效的空间运用。如果住宅基地面积属于狭长形的话，走道则是家居空间中最易被闲置的区域，实用性不高。此外，走道还会造成空间狭小，让人感到视觉上的闭塞。

设计走道户型的关键还是在于走道，可以采取变换走道通直的形态，将走道两侧墙体设计得更有变化，走道靠外部开口稍大，走道靠内部可以较窄，合理分配交通流线。

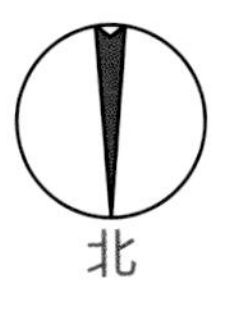

3 并列户型

并列户型是指户型东、西两侧并列其他户型，即东、西方向无开门或开窗。所有门窗都是南北朝向，这样就造成了南、北方向纵深尺度大，而东、西方向尺寸小，户型显得很窄，给人感觉拥挤。虽然南北通风、采光较好，但是过大的南北纵深会让人有紧缩感。

设计这种户型要打破常规，在墙体上进行改造，一方面可以将中央南北方向隔墙设计成富有变化的交错造型；另一方面可以根据实际状况，直接拆除这类隔墙，设计摆放多功能柜体来丰富视觉效果。

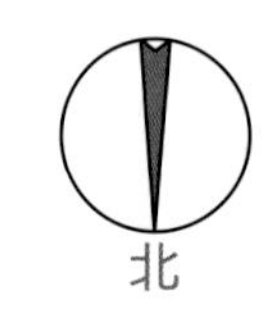

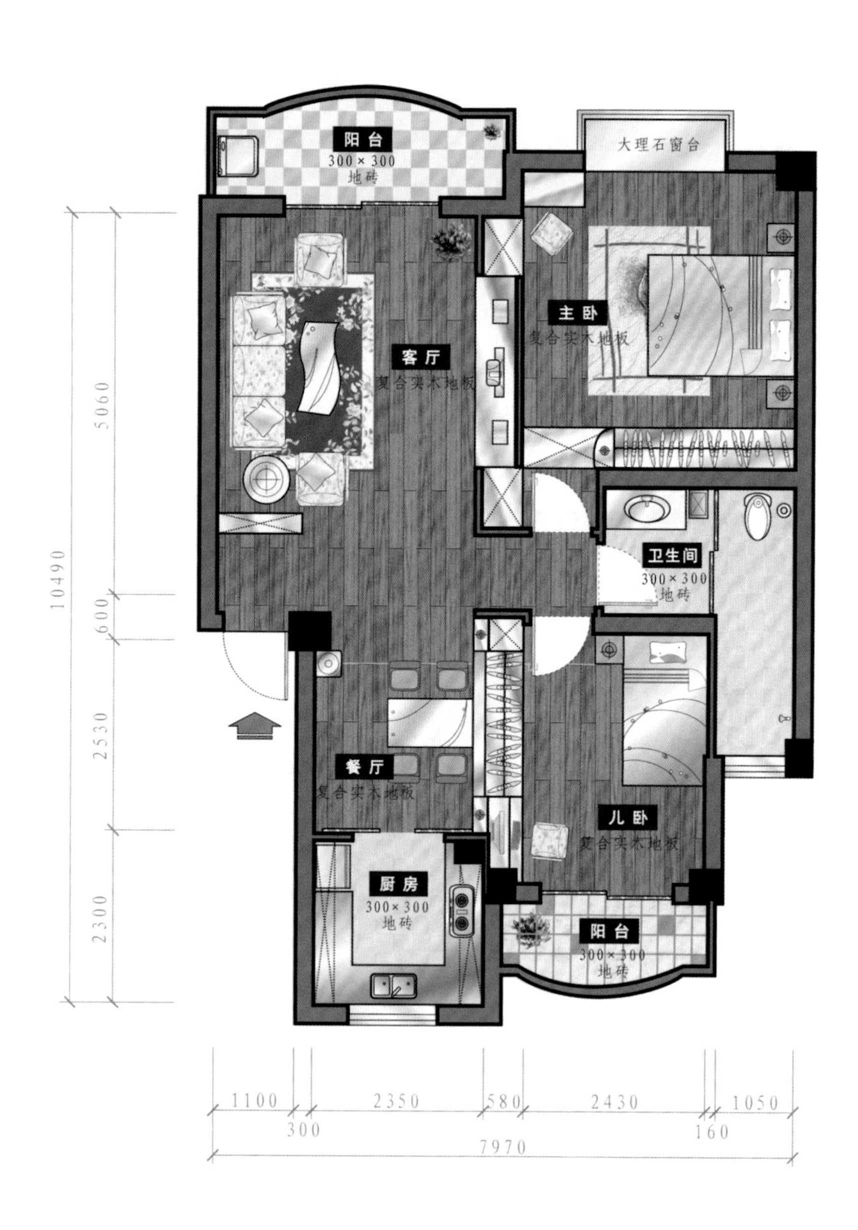

4 南北户型

南北户型又称为阴阳户型，一般是指的老房屋，户型北面全部是厨房、卫生间等空间，南部全是卧室，夹在中间的是采光不佳的客厅、餐厅，这种户型强调卧室起居生活，卧室面积较大，而客厅、餐厅使用频率不高，造成了空间闲置。

设计这种户型，可以将北面的厨房与卫生间之间的墙体局部打通，将隔墙换成大面积推拉门，增加采光。

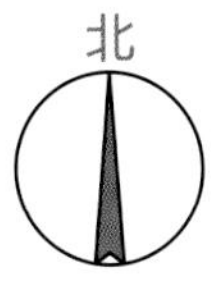

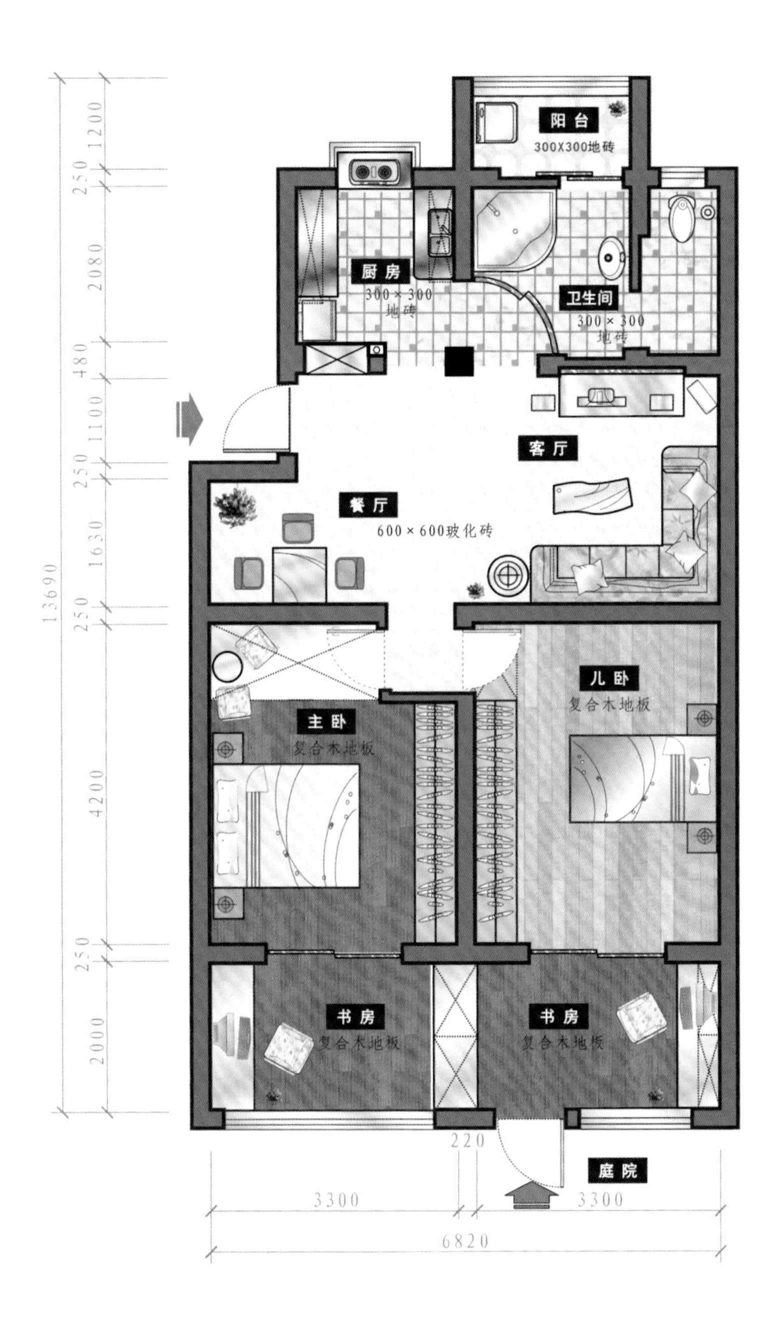

C 软硬结合户型改造攻略

硬装修与软装饰相结合，创造出无限空间

1 墙体

墙体改造是最基础的改造，通过拆除非承重墙或者新建墙体隔断来改变室内格局。还可以建立新的隔断形式来扩大空间视觉效果，高效利用空间面积，开阔空间视野。

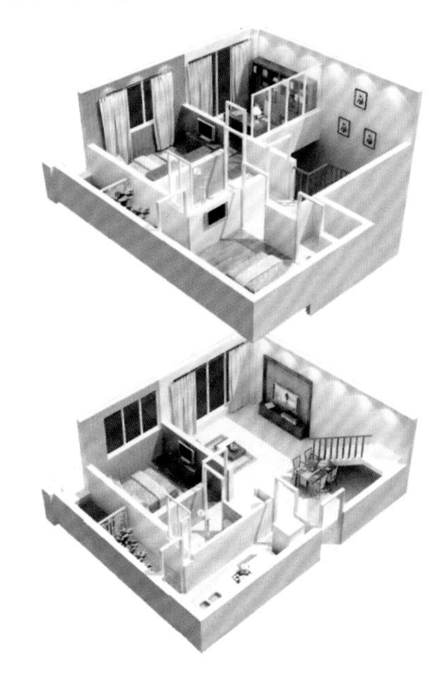

2 硬装

硬装改造主要是通过设计不同的顶界面造型来丰富室内形式，增强空间立体感。同时还可以通过墙面、地面铺贴材料的不同来丰富视觉效果。

3 材质搭配

在进行户型改造时选择合适的材质搭配才能让人感到舒适，在一般的认知中，镜面材质，如玻璃、镜面等会给人一种冷冽、华丽的感觉，但其实通过适当的比例运用，温暖的木头肌理与玻璃、镜面结合更可以相辅相成、相得益彰。在搭配时要能突显出木头的暖度，但也不可全部使用木头，大量木质材料的运用，反倒会带来压迫感。如果喜欢木纹花色，但又无法接受木质材料的纹理触感，也可利用玻璃作为表面介质，同时在木头、玻璃之间加入灯光，营造出浪漫、温馨的空间氛围。

4 灯光

灯光可以很好地营造室内氛围，巧妙地应用灯光，也能达到扩大空间的视觉效果。灯光是空间组成非常重要的一部分，光线的层次来自于色温、发光的方式以及配置的区域，即灯光和空间一样具备点线面概念，在阅读需求不高的区域，可以利用点状光源，再搭配一盏立灯或台灯，提高空间亮度；如果希望加强顶棚的延续性，串联开放空间，可以使用带状晕光的光源，来勾勒顶棚造型的轮廓，强化空间的线条感。需要注意的是，过多的嵌灯配置，会造成视觉感官的压迫和不适，尤其是餐桌顶部灯光，更要避免投射至人的脸部、头部和手部。此外，为了突显墙面的装饰画，增强室内的艺术美感，可以借由射灯投射灯光，并配合画作的宽幅尺度做10° 角、30° 角或60° 角的改变。

5 色彩搭配

在家居中色彩的不同比例以及色彩纹样的不同形式都能给予空间不同的视觉效果。如比较小的户型适合选用纯白色、米白色等比较纯粹的色调，这些色彩可以很好地提亮空间；纵向排列的色彩则适用于比较方正的户型，可以达到延伸空间的目的；三种色彩以上的搭配则适用于面积较大的户型，这种复杂的色彩应用可以有效地弱化空间单调感，也有助于营造更好的室内环境，但要注意色彩不宜太过冲突，要有主色调，辅助色调要能与主色调协调、统一。

6 软质配饰

家居中的窗帘、抱枕以及其他能够带来柔软感的配饰都能很好地丰富空间形式。在改造户型的过程中，通过对这些配饰的巧妙搭配能够在无形中分隔空间，同时也能更好地增强室内环境的美观性，这些配饰有机地组合在一起，还能丰富住宅内容，增强空间趣味感。但必须注意的是，所选择的配饰要具有充足的灵动性，材质要能与室内的家具相搭配。

开启
住宅改造之旅
Start

案例 1 拆除多余墙体扩大空间

敲掉多余的墙体，从根本上扩大空间使用量

户型分析

这是一套内部面积在55m²左右的户型，包含有客餐厅、厨房、卫生间各一间，卧室两间，一处过道，一处阳台。这套小户型整体格局不错，客餐厅面积也比较大，其不足之处便是厨房与卫生间的面积过于狭小，不便于日常生活。设计要求能有更大的采光空间和存储空间。

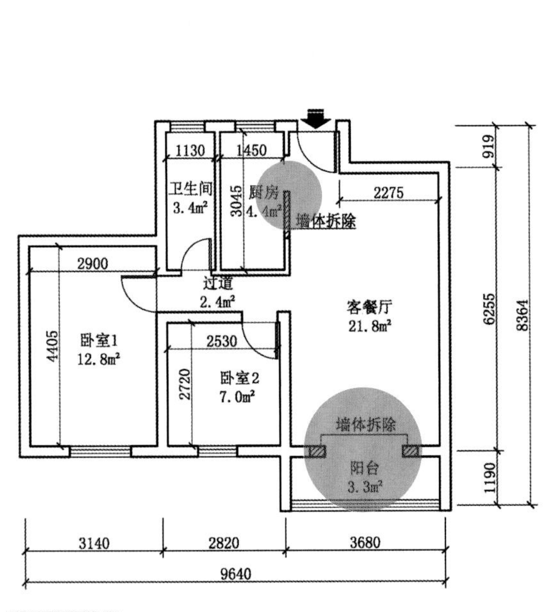

改造前

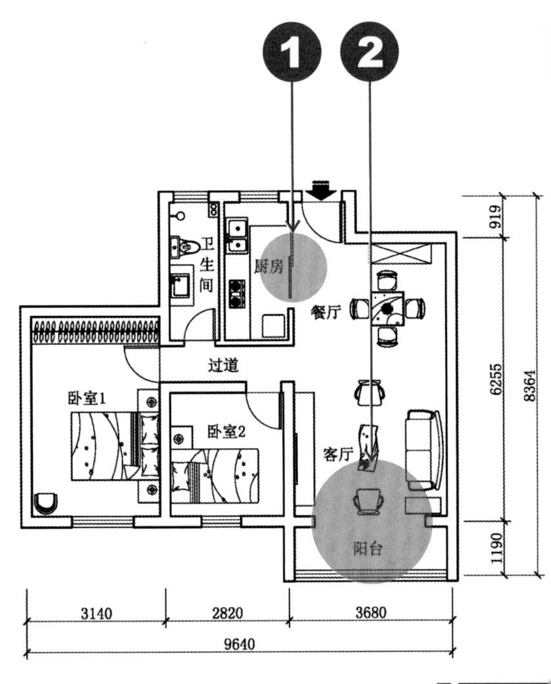

改造后

改造设计图

改造方法

❶ 厨房空间比较狭长，采光面积较小。拆除厨房处的多余墙体，安装通透性更好、开合更省空间的玻璃推拉门，营造明亮的烹饪空间。

❷ 客餐厅与阳台处于同一水平位置上，拆除阳台门框处的多余墙体，可以有效地扩大客厅、餐厅的视觉通透感。楼层较高的，还可以选择封阳台，将阳台门两侧的可拆除墙体敲掉后，可以安装符合设计风格的门套，既能起到观赏的效果，也能将阳台与客厅、餐厅打通，同时也能根据需要灵活地改变空间布局。

↑客厅选择了色系比较居中的原木色木地板，不论是白色方形茶几，还是木色藤椅，都与地面交相呼应。阳台拆除墙体之后，配上浅色的棉麻窗帘，整个空间也变得愈发明亮

↑餐厅整体以白色为主，为了增大采光面积，增强空间明亮感，四面粉刷了白色乳胶漆，搭配浅木色的餐桌和白色的铁艺吊灯，整个空间简洁而明亮

↑卧室三面刷白墙，独留一面浅灰色墙面，一方面可以中和白墙带来的单调感和视觉困乏感；另一方面搭配木色的地板也能使卧室显得不那么空洞，以免影响睡眠质量

↑客厅是待客的主要空间，棉质的沙发手感和坐感更佳。沙发背景墙上的几幅绿植和麋鹿插画，清新、自然，既和客厅设计氛围相匹配，色调也比较素雅，适合小户型家居使用

案例 2 合二为一扩大使用面积

依据使用功能重新分区，增强整体结构的流通性

户型分析

这是一套内部面积在75m²左右的户型，包含有客厅、餐厅、厨房各一间，卫生间两间，卧室三间，阳台两处，两处过道。这套户型面积在中等范围之内，采光条件较好，但分区较多，且部分分区比较杂乱。设计要求能有一个比较有逻辑的行走动线，整体空间要简洁且兼具设计感和时尚感。

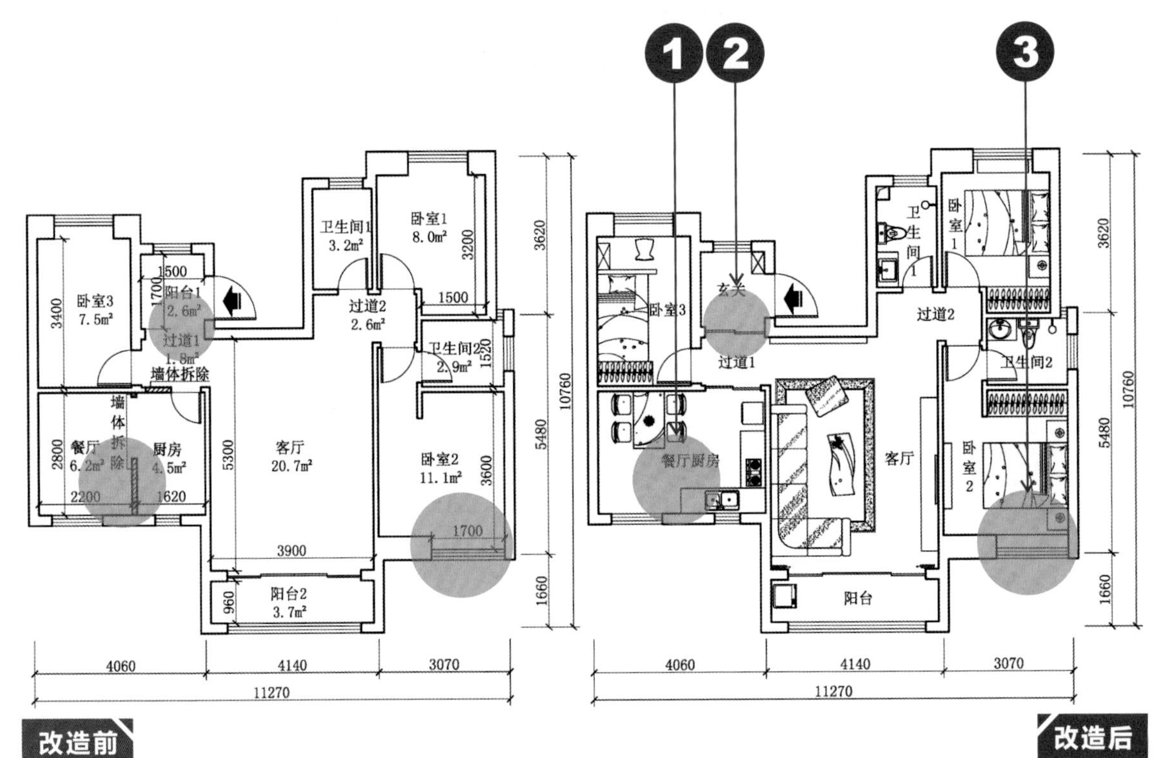

改造设计图

改造方法

❶ 将餐厅和厨房中间的墙拆除掉，二者合二为一，既能扩大活动空间，使得日常行走动线更通畅，采光反射面也能更大，室内明亮度能有所增强。

❷ 为了增强家居隐私性，可以将原入户阳台2改为玄关，并增加两扇磨砂玻璃移门，既不会完全遮挡阳光，也能形成一个新的格局。

❸ 卧室2作为主卧存在，可以在其窗户凸起处砌筑石台，或以柜体形式制作飘窗，这样既能有效增加卧室内存储空间，同时飘窗也能赋予室内空间更多的时尚感。

↑客厅布局简单，白色地砖搭配深色地毯，给人一种向外的延伸感。沙发呈L形摆放，行走空间十分流畅，顶面也没有多余的造型，整体布局简单却也兼具设计感

↑主卧改造后的飘窗以白色柜体为主体形式，搭配棉麻材质的窗帘，时尚感扑面而来，飘窗的深度也恰到其处，可以很好地进行收纳工作

←次卧改造为卧室并书房的形式，白色床头挡板并储物柜，一方面隔断空间，一方面作为书房书柜存在。书桌放置于窗户凸起处，采光良好

↑另一次卧在其窗户凸起处放置有白色抽屉柜，房间内除墙面挂画和桌面陶瓷装饰品外再无其他装饰，整体布局虽稍显简单，但却能使小空间具有大视觉感

↑公共卫生间使用人员较多，设立玻璃框架淋浴间，进行干湿分区，简化空间。洗面池上方的长条镜也能有效增强空间感，使卫生间更显通透

案例 3 化繁为简合理利用空间

拆除复杂多余的墙体，提高整体空间利用率

户型分析

这是一套内部面积在63m²左右的户型，包含有客餐厅、厨房、卫生间、书房各一间，卧室两间，一处阳台和一处过道。这套户型比较规整，只部分区域墙体比较冗杂。设计要求更高效化地利用空间。

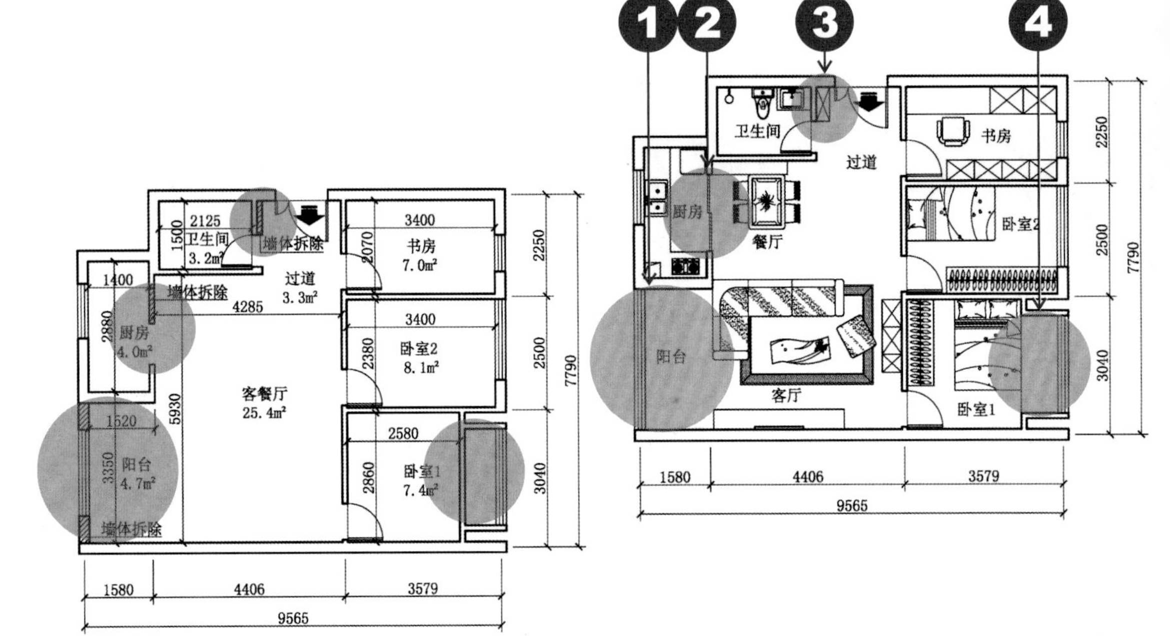

改造设计图

改造方法

❶ 客厅面积过小，拆除阳台两侧墙体，封闭阳台窗，将阳台和客厅打通，这样既能有效利用空间，同时客厅和阳台的采光面积也能有所增加，整体行走动线也更流畅，视野也更开阔。

❷ 厨房面积比较狭长，可拆除两侧多余墙体，将单扇门转变为双扇玻璃推拉门，增加采光面积，增强厨房通透感。

❸ 将入户玄关处墙体拆除，只留120mm厚墙体来作为卫生间的墙体，拆除区域可设置鞋柜或长条凳，既节省空间，也比较美观。

❹ 拆除卧室1窗户处的墙体，扩大卧室面积，在此处可设置飘窗，一方面飘窗可以作为存储空间存在，另一方面其也可作为观赏阳台存在，兼具时尚性和美观性。

↑小户型和中户型的客厅一般会选择浅色系来进行装饰，客厅内的四面白墙搭配浅色系的地砖、浅木色的家具、素雅的装饰画等，整个空间愈发显得简单、大气，餐厅处的白色酒柜也兼具储存功能和美观性

↑入户玄关处设置有原木色的长条坐凳，以供换鞋，坐凳之下还可放置鞋子，颇具实用性，其高度也十分适宜

↑卧室飘窗同样以浅色系为主，没有很烦琐的装饰，只安装了轻纱窗帘，高度与床平齐，扩大了卧室的空间感

↑厨房以L形橱柜为主，厨房各器具均可收纳其中，充分利用了厨房空间的同时也不会显得杂乱无章

案例 4 从有到无扩大空间范围

有阻碍的、能拆除的墙体统统敲掉，从格局上完善空间范畴

户型分析

这是一套内部面积在83m²左右的户型，含有客餐厅、厨房、储物间各一间，卧室两间，卫生间两间，并有一处阳台，一处过道。这套中户型很常见，客餐厅面积较大，但其他区域面积分配不均。设计要求空间简单、大气，采光率能达到最大。

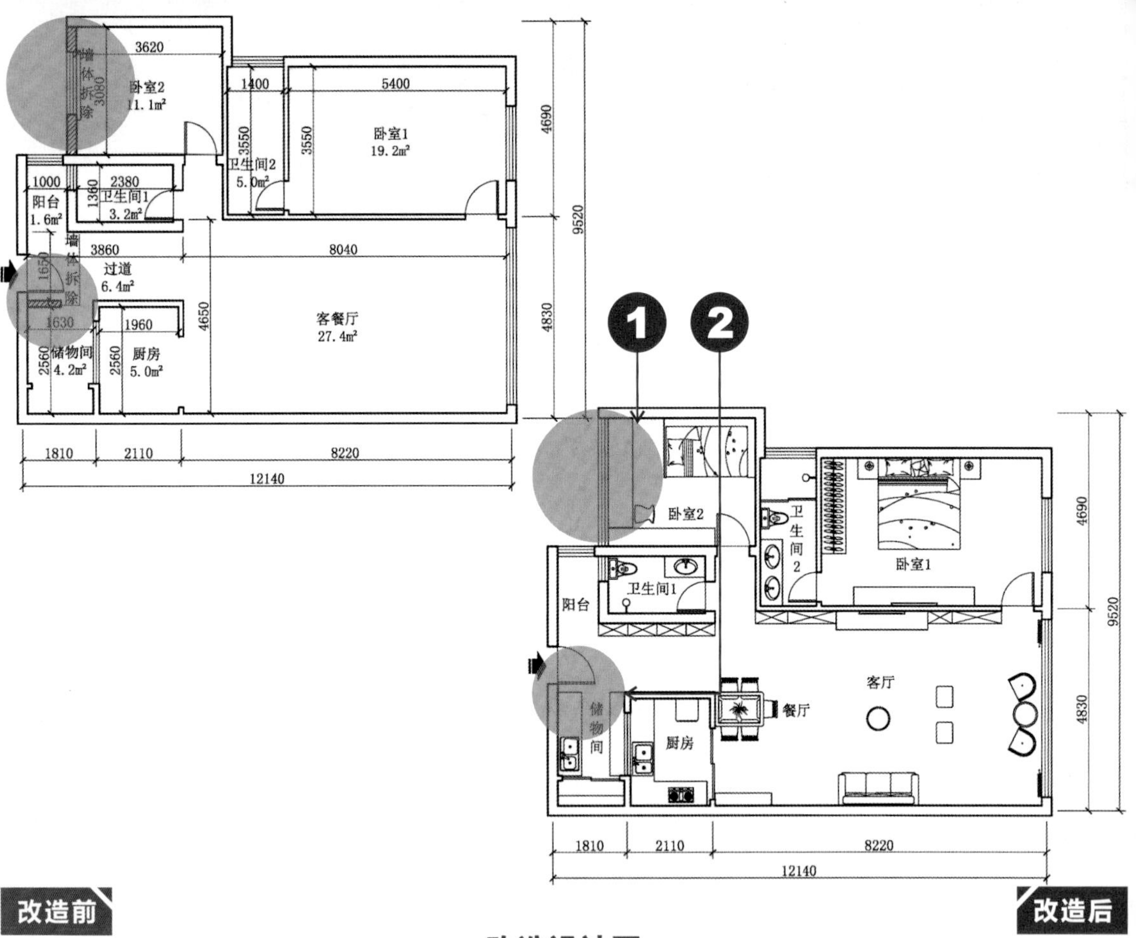

改造前

改造后

改造设计图

改造方法

❶ 敲掉卧室2窗户两侧的墙体，使之成为整片窗，采光面积也能由此得到最大限度的扩大，室内通风性也会更好。

❷ 敲掉储物间多余的墙体，采用开放式格局，扩大空间范围，同时也能使阳台和储物间内的空间相通。

↑面积较大的客厅整体布局突破了小客厅带来的局促感，电视背景墙两侧设立的烤漆书柜，低调而又奢华，黑色的圆形茶几也弱化了大空间带来的空旷感

↑面积适中的餐厅，用餐氛围也会更加融洽，黑色铁艺灯罩映衬着白色暖光，木色圈椅、方形餐桌，浓浓的古朴韵味，令人心旷神怡

←卧室改变了窗体的面积，整片的窗使得采光不再成为问题，窗边设立一条长桌，在此或阅读，或写作，甚至连发呆都能让人感觉到十分舒适

←方方正正的厨房会让烹饪更便捷，厨房面积够大，即使放置双开门冰箱也绰绰有余。白色L形橱柜存储空间够大，同时与浅色系防滑地砖相搭配，也能提亮视觉感，使厨房更显明亮

↑狭长的卫生间较难处理，在宽度足够的情况下，可以设立淋浴间，既能起到干湿分区的作用，也能使卫生间的布局更显大气

案例  合理拆除高效利用空间

拆除能够拆除的墙体，重新布局，营造流畅性家居

户型分析

这是一套内部面积在63m²左右的户型，包含有客餐厅、厨房、卫生间、储物间各一间，卧室三间，兼一处阳台和过道。这套户型套内面积不是很大，但基本功能分区都有，只部分墙体有些多余。设计要求空间整合后能拥有更流畅、简洁的氛围。

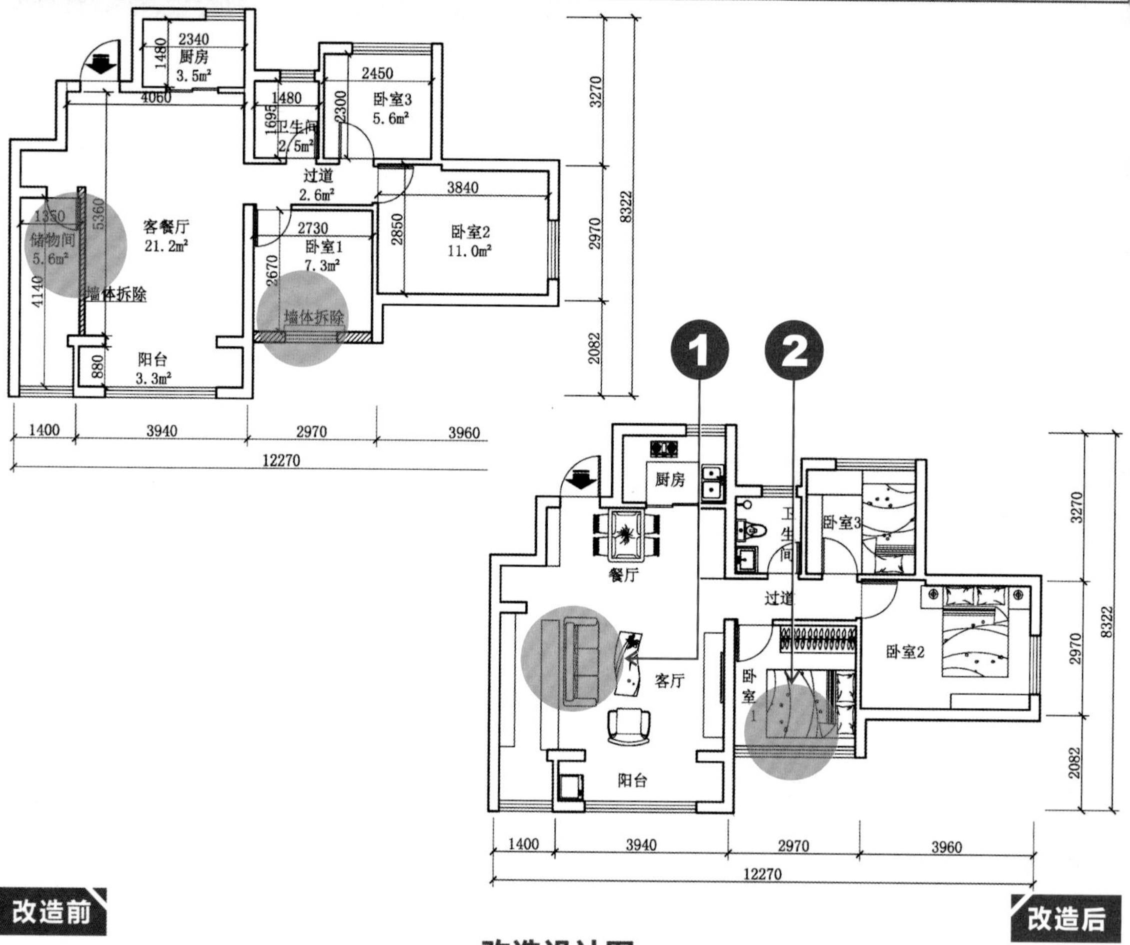

改造设计图

改造方法

❶ 拆除原储物间侧边墙体，将其与客厅相通，增加空间流畅性，能够放置的物件也更丰富，透光度也更好。

❷ 拆除卧室1窗户两侧的墙体，化小为大，增加卧室内采光面积和通风面积，同时也能提升整个空间内的通透度。

→墙体拆除后的储物间在视觉上更显通透，与客厅既形成一个整体，却又能独立存在。沙发后的长柜既可以是沙发的靠背，同时也能放置物品。餐厅以白色和浅木色为主，符合设计简洁的要求，白色也能提亮空间，对于面积不是特别大的区域十分适用，同时白色也是百搭色，搭配其他色彩会十分时尚

→卧室同样遵循了简洁风的原则，没有多余的装饰，只在墙面挂有一幅装饰画和几个立体挂饰，整个空间没有塞得满满当当，保留了足够的行走动线，十分通畅

→白色永远是简洁风的最佳选择，对于面积较小的卧室，选择大面积白色和少量亮丽的色彩搭配，会显得整个空间十分灵动，生活气息十足

案例 6 开放小空间秒变大格局

从设计角度出发，采用开放式格局，使空间更显大气

户型分析

这是一套内部面积在43m²左右的户型，包含有客餐厅、厨房、卫生间、卧室各一间，并有一处阳台和一处过道。这套小户型属于典型的一室一厅，适合单身人群居住，整体布局比较有逻辑性，但不够大气。设计要求改变格局，创造更大气的北欧家居。

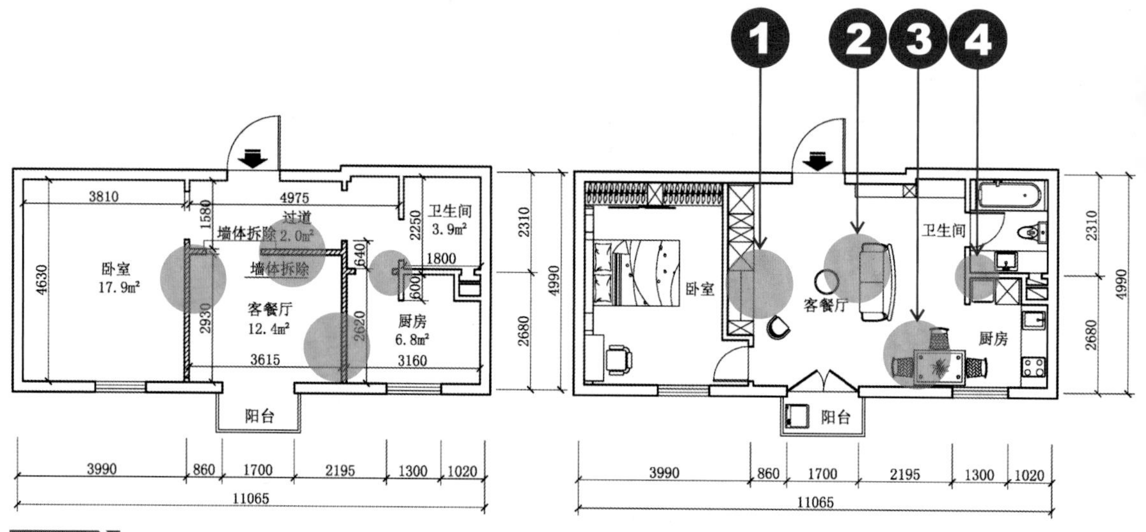

改造设计图

改造方法

❶ 拆除卧室墙体并往里推移600mm，以此扩大客餐厅空间，同时为鞋柜和其他储物柜预留空间。

❷ 拆除客餐厅与原过道中间的墙体，使原过道、客餐厅以及阳台形成一个流畅的动线。这样既可以促进空气流通，营造舒适家居，也能使客厅有所扩大，整体布局不会显得过分局促，对于后期家具的放置也有很大的便利。

❸ 拆除客餐厅与厨房中间的墙体，将厨房改造为开放式，并为餐桌预留足够的空间，营造温馨的用餐氛围，同时也能使客餐厅、过道以及厨房在垂直视角更显大气和通透。

❹ 拆除厨房一侧凸起的墙体，增加客餐厅的使用面积。改变卫生间开门的方向，使洗面盆、坐便器以及浴缸能够合理放置，同时也不会显得卫生间过于拥挤。

→为了更大程度地利
用空间，可以选择具
备多种功能的储物
柜，色调以蓝色或蓝
色白色混合为主，这
样既能体现北欧特
色，同时也能提亮空
间

→餐厅位于客厅的一隅，放置于靠窗一侧，整体色调比较素雅，仅有少量的亮黄色与客厅沙发的亮黄色抱枕相搭配。厨房橱柜以北欧风格的典型色——白色为主，整体简洁、自然

↑卧室色系与客厅色系相呼应，无论是飘窗还是床头内凹空间，都以实用功能为前提，整体设计既节约空间，同时也不缺乏美感，适合小空间选用

↑卫生间以白色为主色调，这对于没有窗户的卫生间而言十分重要。储物柜可以将卫生间内的洗漱用品收纳起来，化妆镜也能扩大空间视觉感

案例 7 合理分隔扩大储物空间

改变住宅内部原有结构，创造更多储物空间

户型分析

这是一套内部面积在65m²左右的户型，包含有客厅、餐厅、厨房、卫生间、书房、储物间各一间，卧室两间，一处过道，一处阳台。这套户型分区较多，适合三口之家。设计要求更多储物空间，以满足生活需求。

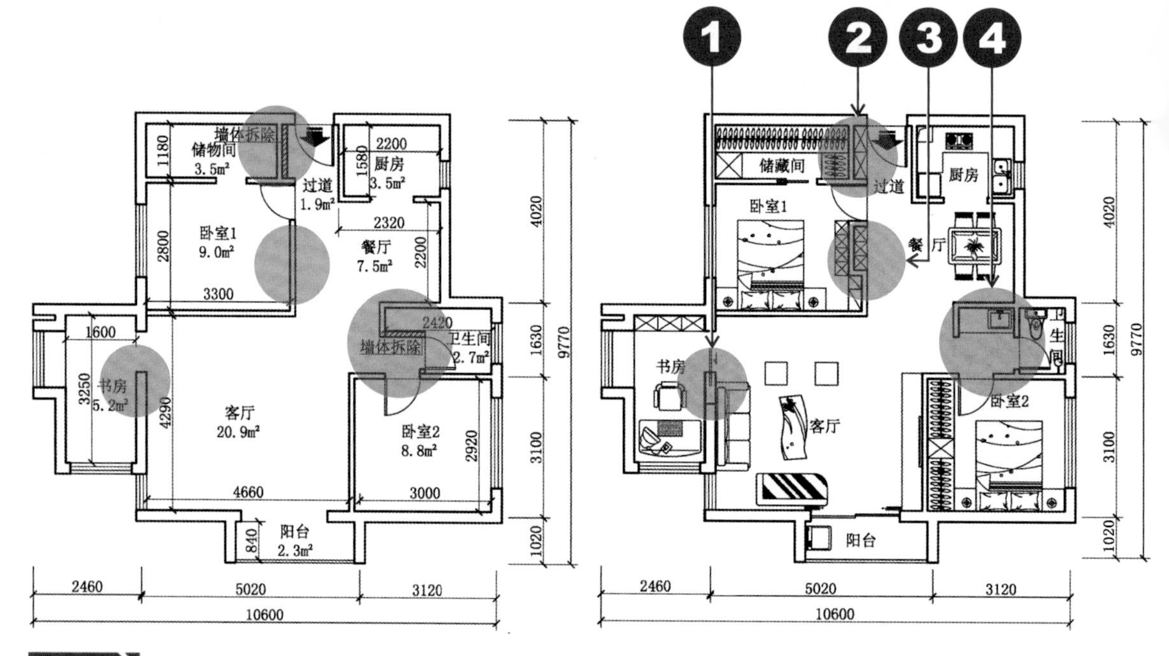

改造设计图

改造方法

❶ 将书房的门改为嵌入式推拉门，以扩大行走空间，同时也能扩大竖向储物范围。

❷ 拆除过道与储物间之间的墙体，只留120mm厚的墙体，拆除后可在此处设置鞋柜，增大住宅内部储物空间。

❸ 将卧室1与餐厅之间的墙体向卧室1方向偏移300mm，偏移空间可设置储物柜，卧室内衣柜设置于储物柜背面。

❹ 拆除卫生间外侧的墙体，在此处设置干湿分区，这样既可以方便两人同时使用卫生间，也能规整卫生间的格局。

→重蚁木的木地板搭配深灰色的毛毯，配上灰色棉麻沙发，视觉上就能给人一种无比舒适的感觉。作为沙发背景墙存在的装饰画整体色调比较清新，与沙发、毛毯等形成对比

→餐厅设置酒柜，可以将装饰摆件、照片等放置其中，暖色的艺术吊灯营造了温馨的用餐氛围，桌面上的绿色摆件与瓷白色的餐具交相辉映，增强了人们的用餐欲望

↑主卧空间比较大，储物间在改造之后，摇身变为时尚的衣帽间，增大了卧室储物空间，但整体色调依旧比较素雅，偶有黄色抱枕和其他色系的艺术摆件装饰空间，但也不会显得空间单调

↑次卧面积较小，满墙衣柜能最大限度地存储衣物，可以在床单和抱枕等软装配饰的色彩上下工夫，室内灯光一般选择暖色系以助眠

案例 8 善用材料扩大复式空间

运用其他材料代替墙体，为复式楼开辟更多空间

户型分析

这是一套两层内部面积均在53m²左右的复式小楼，一楼包含有客厅、餐厅、厨房、卫生间、卧室各一间，兼一处阳台；二楼包含有客厅、储物间、卧室及健身房各一间。这套复式楼属于中等面积，客厅面积较大，卧室面积比较适中，适合两人居住，不足之处在于卫生间采光不够，厨房稍显拥挤。设计要求能够提亮整体空间亮度，减少压抑感。

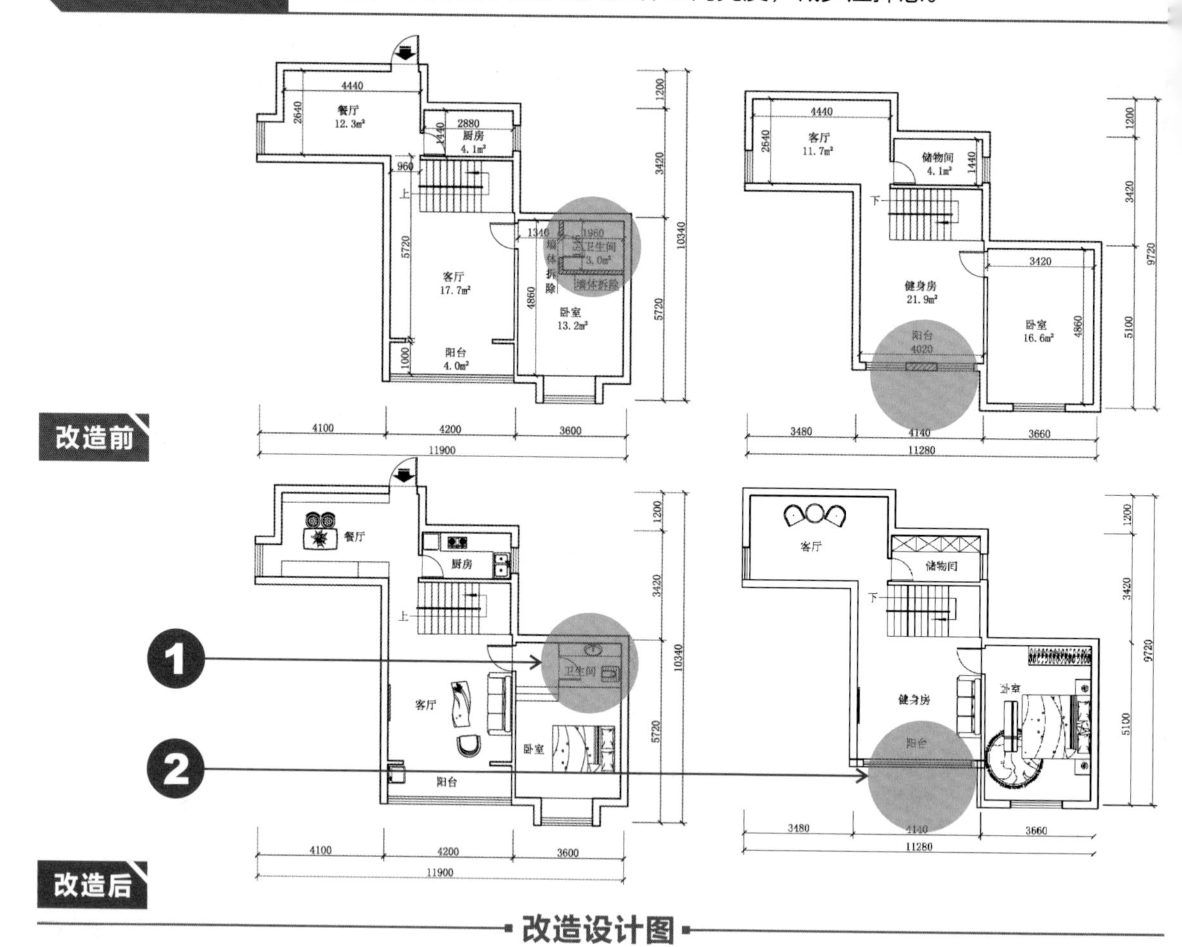

改造设计图

改造方法

❶ 拆除一楼卧室内卫生间隔墙，增大卧室面积，为卫生间提供更多采光，使整间卧室更显明亮。

❷ 二楼阳台处墙体可依据实际情况予以拆除，以此扩大采光面，增强室内通风，营造简洁、明亮的空间。

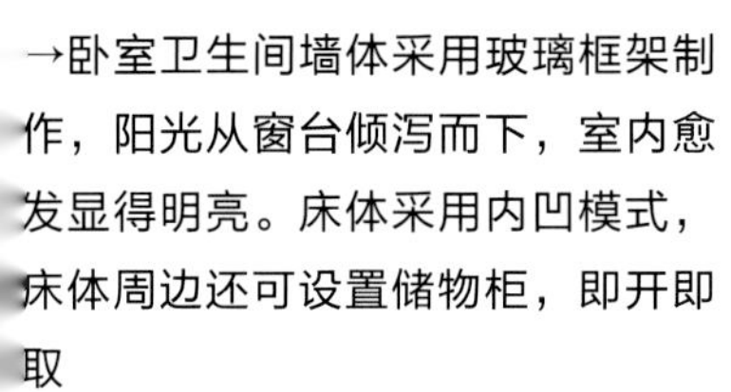

←客厅楼梯背板采用钢化玻璃制作，能减少实墙带来的厚重感，深色软皮质沙发与浅色硬质木地板在垂直面上相互对比，彰显不凡的格调

→卧室卫生间墙体采用玻璃框架制作，阳光从窗台倾泻而下，室内愈发显得明亮。床体采用内凹模式，床体周边还可设置储物柜，即开即取

↑小户型一般可选择以浅色系为主色调，此处餐厅墙面以白色为主打色系，搭配墨绿色餐桌，整个空间不再显得单调，反而多了几分清新感

↑对于狭长形的厨房而言，L形的橱柜可以为其日常工作提供更多的存储空间，白色的橱柜搭配浅绿色的防油污瓷砖，视觉上也不会轻易产生疲劳感

↑一楼卧室内含有卫生间，两三级木质台阶能够更加突出室内的空间层次感，同时木地板脚感比较舒适，沐浴之后踏足于此，自是十分安逸

案例 9 扩大入口营造大气家居

改变门洞大小，更换开合模式，使出入更便捷，空间更开阔

户型分析

这是一套内部面积在60m²左右的户型，包含有客餐厅、书房、厨房、卫生间各一间，卧室两间，并有一处过道。这套户型采光比较充足，客餐厅面积比较适中，但厨房与卫生间面积较小，能储存的物品过少。设计要求在保留基本格局的基础上加大存储空间，增强空间立体感。

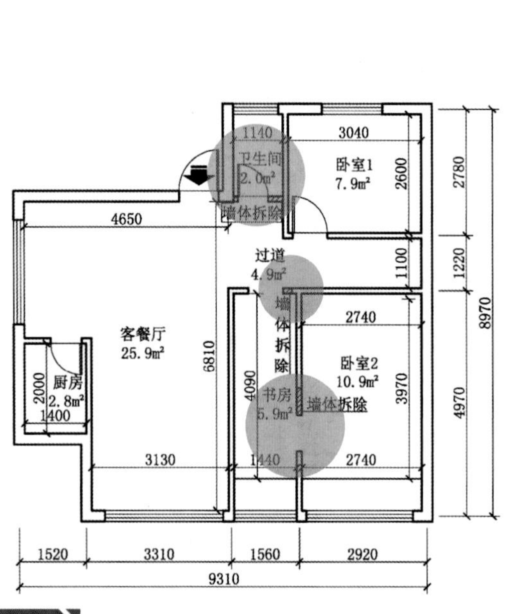

改造前

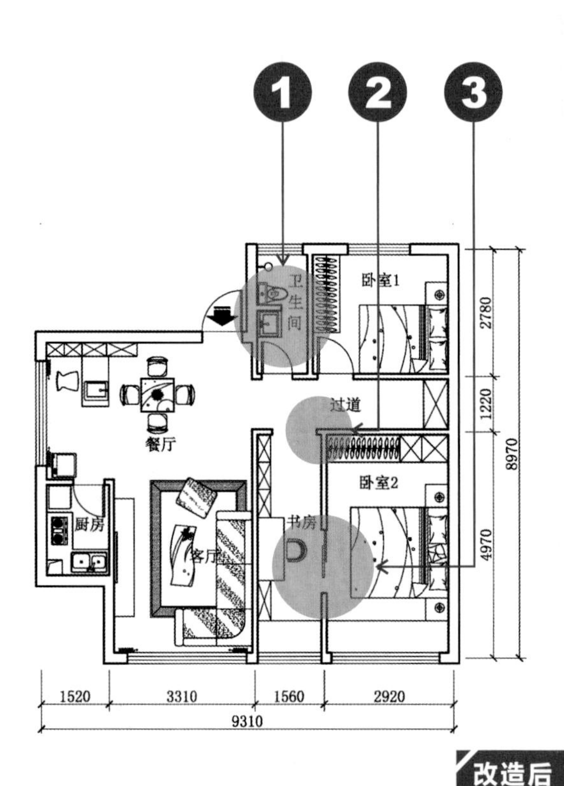

改造后

改造设计图

改造方法

❶ 拆除卫生间门洞，使其与卧室1的门洞处于同一水平线上，以此增加卫生间竖向面积，预留干湿分区空间。

❷ 改变过道通向书房的门洞大小，由原来的800mm变宽为1000mm，扩大行走空间，在纵向视角上增强空间立体感。

❸ 将书房原800mm宽的单扇推拉门改为两扇700mm宽的玻璃推拉门，这样一方面增强了书房与卧室2之间的开阔感，另一方面减少了单扇平开门开合的空间，为书房提供了更大的活动空间和存储空间。

↑面积较大的客厅在布置上会更显容易，沙发两侧的落地灯配合顶棚处的点点灯光，亮度适宜，不会给人压抑的感觉，此时若开窗，配上明亮的阳光，室内的立体感也便更强了

↑对于层高不是特别高的书房，选择层板无疑是一个明智之举，在层板上放置几本常用的书，以及几件极具艺术性的装饰品，不仅颇具时尚感，也能给人一种轻松、舒适的感觉

←餐厅设置吧台是一种情怀，吧台之上的水池可做基本清洗工作，吧台之下具备存储空间，而酒柜除了可以储存物品外，同样也是一件艺术品，柔和的灯光下，偶尔小酌一杯，必定使人万分愉悦

←直线垂落的吊灯给阅读提供了充足的光线，但又不会感觉到刺眼，灯光从灯罩内向四周发散，这对于面积不是非常大的卧室而言，可以算是一种意外之喜了

←水池上方的工作灯有效避免了厨房事故的发生。抽拉式的橱柜使得厨具的拿取更加方便，吊柜则为爱好烹饪的美食家提供了更多的存储空间

←壁灯能为狭长的卫生间提供竖向的照明，而干湿分区处的台下柜为卫生间也提供了更多的储物空间，即使东西较多，也一样可以收拾得井井有条

案例10 依据需求合理分配空间

根据生活需要，对空间进行重新划分，创造更具实用性的家居

户型分析

这是一套内部面积在77m²左右的户型，包含有客厅、厨房、卫生间各一间，卧室两间，并有一处过道。这套中户型客厅面积够大，但室内通道有些拥挤，部分空间格局不明朗。设计要求扩大活动空间，规整室内格局。

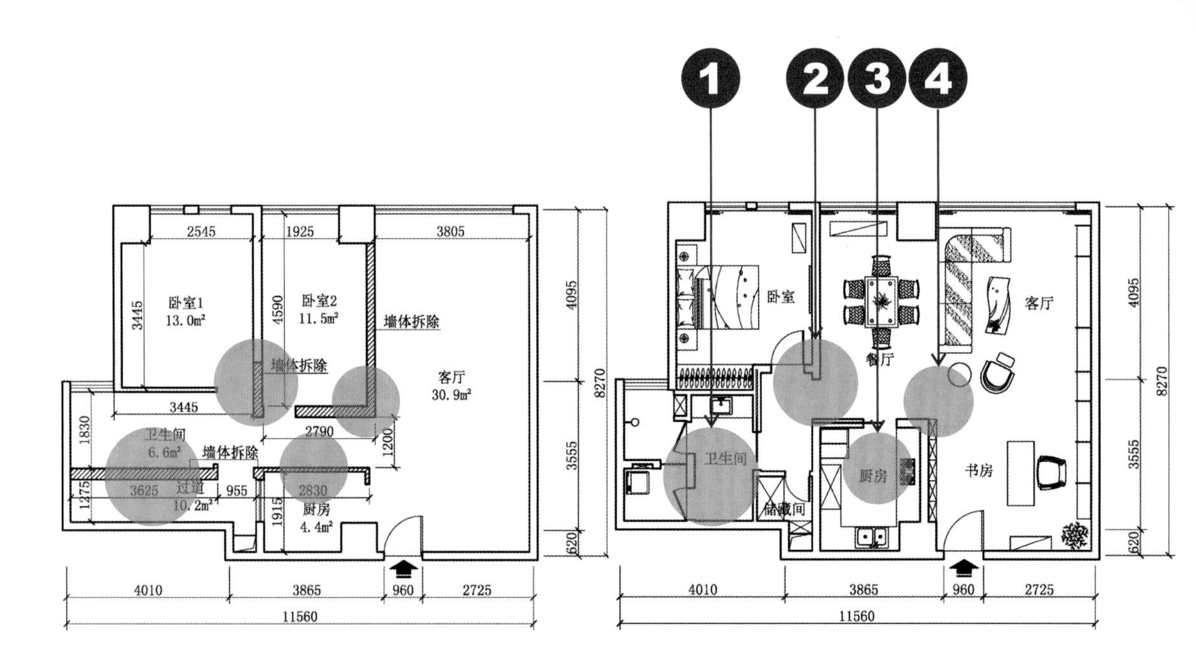

改造前　改造后

改造设计图

改造方法

❶　拆除原过道与卫生间之间的纵向墙体，将其规整为一个整体，并干湿分区，同时为储藏间预留出合适的空间。

❷　拆除卧室1凸出墙体，使其纵向长度变短，以此可以预留出更开阔的走道空间。

❸　拆除厨房与走道之间的墙体，让厨房向走道方向拓展，这时厨房就能变得更大。

❹　将原卧室2墙体拆除，将其与客厅合为一体，更改为客厅与餐厅，扩大行走范围，增强室内空间流畅感。

↑客厅和餐厅均为落地窗，大面积的采光配合人工照明，室内环境也变得温煦而美好，白色墙面、浅色地板、皮质沙发、各项配饰搭配得十分合适，一眼望去，十分整洁

↑书房位于客厅一隅，深色长条置物架从客厅一角延伸到另一角，一部分放置电视柜，一部分也可放置书籍和其他装饰品，整个空间布置得错落有致，令人十分舒适

↑空间够大的厨房可以采用U形橱柜，其存储空间够大，且活动空间也比较流畅

↑面积较小的卫生间，设立干湿分区会更方便日常生活，台下柜的存在也为全屋增加了更多的存储空间

案例 11 推移墙体获取更大空间

合理推移墙体，以此获得更多的储物空间，改变室内布局

户型分析

这是一套内部面积在76m²左右的户型，包含有客餐厅、厨房、书房各一间，卧室两间，卫生间两间，兼两处阳台。这套中户型房型比较方正，采光面积也比较大，但室内不够通透。设计要求增加储物空间，增强室内通风。

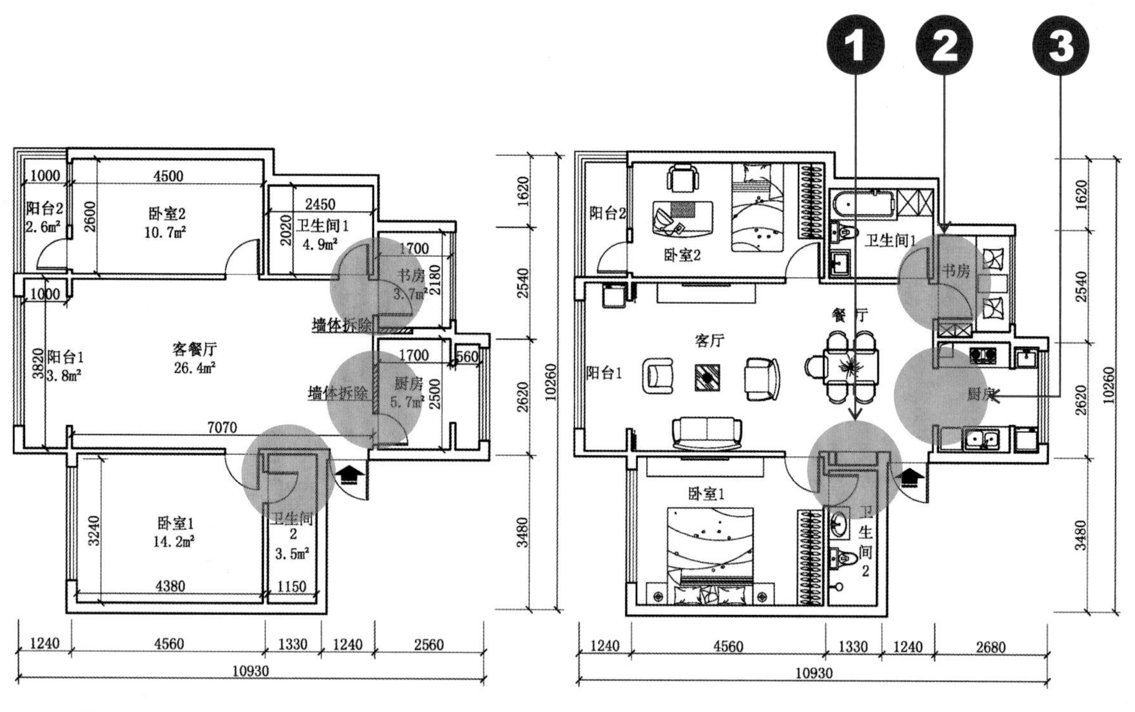

改造设计图

改造方法

❶ 将卫生间2靠近原客餐厅的那面墙向里进行偏移，并在此处设置鞋柜，增加室内储物空间。

❷ 拆除书房靠近厨房一侧的部分墙体，预留出书柜的空间，这样即使书房安装的是平开门，也不会对书柜有任何影响。

❸ 拆除厨房外侧墙体，塑造开放式空间，以使厨房的气流可与客厅阳台的气流相通，增强通风。

→客厅与阳台相通，无形中扩大了客厅的空间感，这对于整体面积处于中间值的房型来说是比较好的处理方式。白色墙面和黑色沙发背景墙遥遥相对，为客厅增添了更多的时尚感

→带有阳台的卧室本身就得天独厚，采光和通风都比较好，木色书桌，同色系木地板，再配上柠檬黄的懒人沙发，想写作还是阅读，抑或是休憩于此，都十分惬意

→对于带有阳台的厨房而言，只要厨房纵向宽度足够，双一字形橱柜无疑是最好的选择，开放式的空间也会使得厨房看起来更开阔

案例12 修改墙体增强其实用性

拆除或改变墙体厚度，使墙体具有更多功能

户型分析

这是一套内部面积在70m²左右的户型，包含有客餐厅、厨房、书房各一间，卧室两间，卫生间两间，并有一处过道和两处阳台。这套户型分区较多，客餐厅面积适中，但其采光面积较小。设计要求改造后能最大限度地利用墙体。

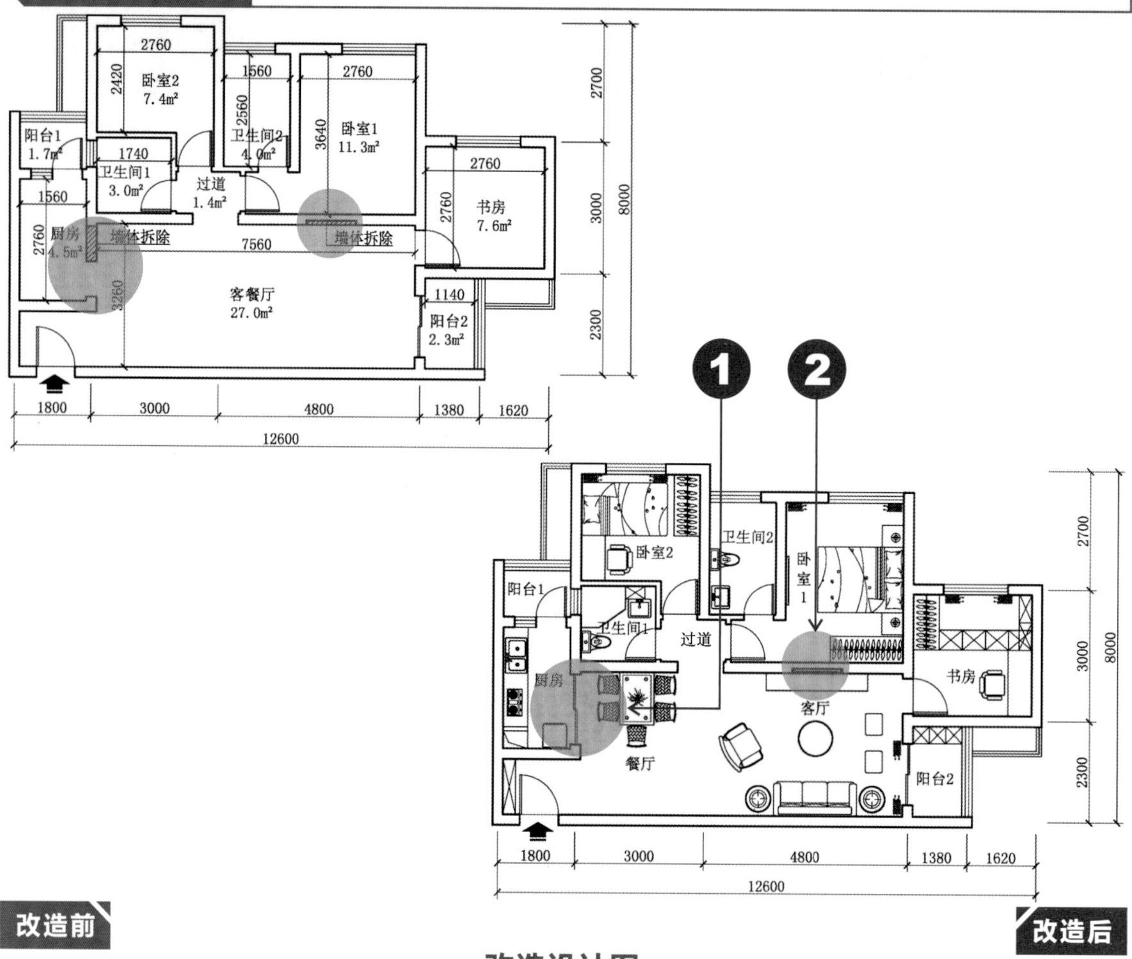

改造设计图

改造方法

❶ 拆除厨房靠近餐厅一侧的墙体，扩大厨房门洞，增强厨房开阔感，同时推拉玻璃门的通透性也更好。

❷ 将卧室1靠近客厅一侧的部分墙体向内凹，预留出放置电视的空间，使壁挂电视与电视背景墙处于同一水平线。

→改造后的墙体刚好可以将壁挂式电视放入其中，整个墙面十分平整。此外，绿色墙面与浅绿色地毯也遥相呼应，显得空间内各部件搭配愈发融洽

→通透的玻璃门更显厨房大气，以塑料彩盘制作而成的餐厅背景墙，虽造型比较简单，但却颇具艺术感

↑深度为280mm的置物架一直做到了顶面，最大程度地利用了垂直空间，浅色的榻榻米更具实用性，既可以是休憩之地，也可以是阅读之处

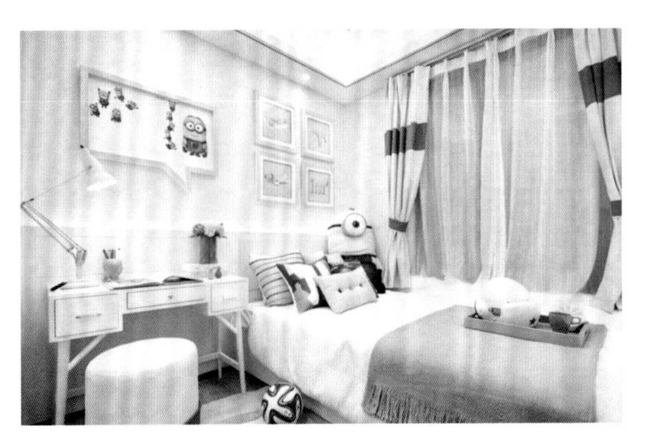

↑卧室空间较小，可以选择造型比较简单、偏向于现代简约风的书桌放置其中，这类书桌具备一定的基础功能，能满足基本工作需要

案例 13 内部改造优化异型空间

小空间内要少墙体，利用更多的反射物品扩大空间感

户型分析

这是一套内部面积在28m²左右的小户型，包含有客厅、厨房餐厅、卫生间、卧室各一间，并有一处过道。这套户型含有异型结构，属于一室一厅，适合单人居住。设计要求细化室内格局，扩大空间开阔度。

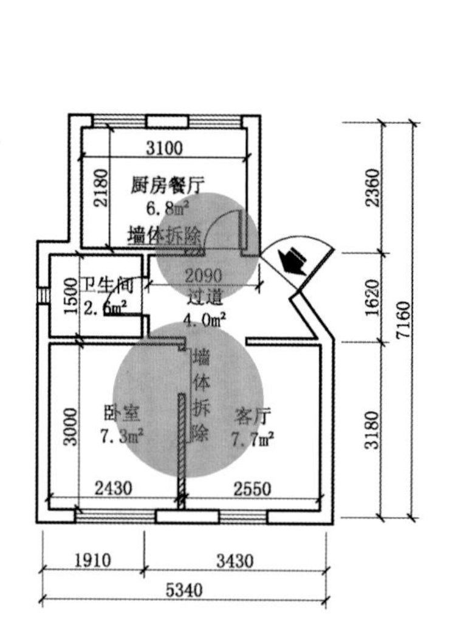

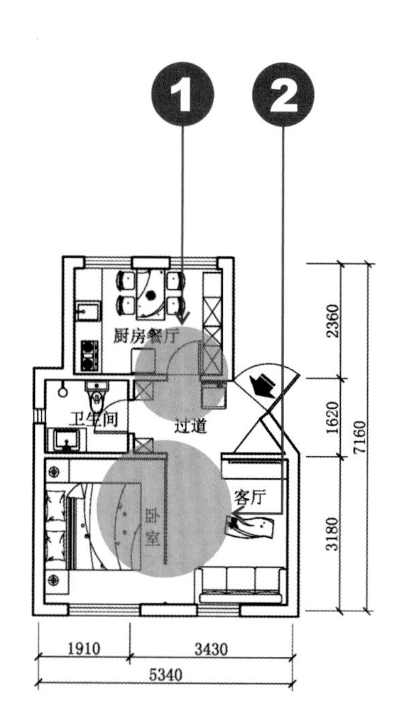

改造前

改造后

改造设计图

改造方法

❶ 拆除过道与厨房之间的墙体，移动门洞的位置，预留出储物柜的空间，使空间在纵向视觉上处于同一水平线，增强其流畅感。

❷ 拆除卧室与客厅之间的墙体，并用轻质材料代替，这样既能增强空间立体感，也能扩大卧室空间，增强采光效果。

→面积较小的客厅可以选择在墙面设置几面大小一致的方形镜，镜子可以反射阳光，镜边周围装饰上几缕绿草，也能增强空间美感

→面积较小的空间，可将厨房与餐厅合为一处，餐桌的色彩选择要与厨房墙面或橱柜色彩搭配

↑对于异型空间而言，最困难的就是空间的有效利用。此处三角形的拐角处设置有置物架，既能放置鞋子，也能悬挂衣物、包等，实用性很强

↑轻质的框架玻璃隔断很适合用于一室一厅的居室，这样既可以开阔空间，且隔断的横截面较薄，空间范围也能得到一定的扩大

案例 14 化封闭为开放扩大视野

打通分区隔断，创造全新的格局，增强空间自由度

户型分析

这是一套内部面积在52m²左右的户型，包含有客餐厅、厨房、卫生间、储物间各一间，卧室两间，过道两处。这套户型各分区均比较规整，但隔断、墙体较多，影响观感。设计要求加强空间设计感，使其更显简洁、大气。

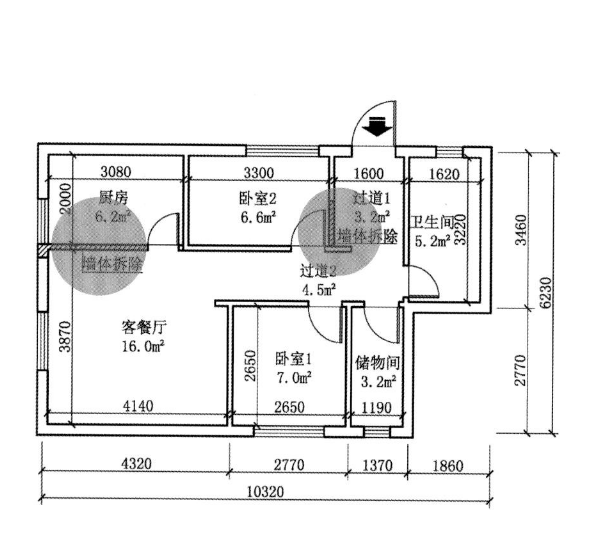

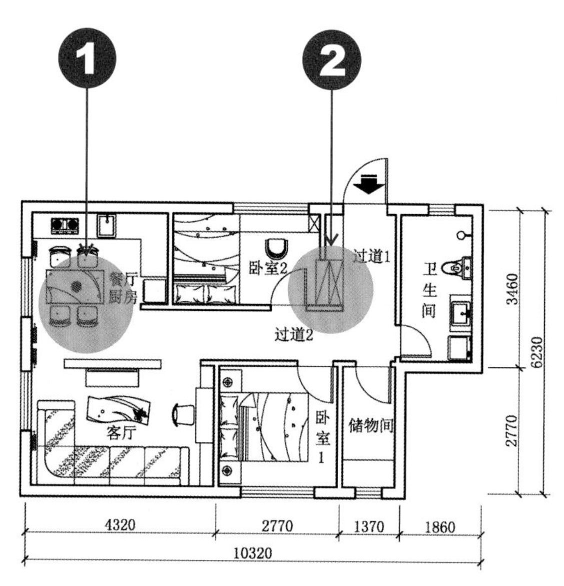

改造前

改造后

改造设计图

改造方法

❶ 拆除原客餐厅与厨房之间的隔断墙，将餐厅与厨房并为一处，增加客厅的空间，开阔三个分区之间的视野，同时开放式的餐厅厨房也能显得空间更大气，不会使人感觉到局促和拥挤。

❷ 拆除入户处过道1与卧室2之间的墙体，并以木质柜板代替墙体，以此增加室内存储空间，但需注意柜板与柜板之间的交接处要贴合紧密，以免柜体出现倾斜。移动卧室门洞的位置，为柜体预留足够的空间，门扇的开门方向要设定好，以免其开关影响拿取物品以及日常行走。

→客厅靠卧室的一角设置有满墙的书柜，空间因此得到有效利用，书柜色调选择与电视柜色调一致，一高一低，简洁、时尚

→小次卧选择了榻榻米，榻榻米既可以是休憩空间，也可以是存储空间，实用性很强。墙面装饰有3D字体，有效地增强了空间的立体感

↑裸露的线管搭配白色的球形灯泡，艺术感十足，运用在餐厅厨房处，明亮而又浪漫，余光散射到客厅，整个空间更显简约、大气

↑灯光选择合适，同样可以改变空间格局。卧室床头柜上方选用垂挂型吊灯，搭配另一侧的黑色台灯和半墙上的暖色灯带，整个空间明亮而不刺眼

案例15 以一变二创造新的分区

改变分区面积大小，规划更多存储空间

户型分析

这是一套内部面积在66m²左右的户型，包含有客餐厅、厨房、卫生间、储物间、卧室各一间，并有一处过道和一处阳台。这套户型适合单人居住，也可两人同住，卫生间、厨房面积均可，但整体采光面积较小。设计要求空间能得到有效的扩展利用，创造更时尚的家居空间。

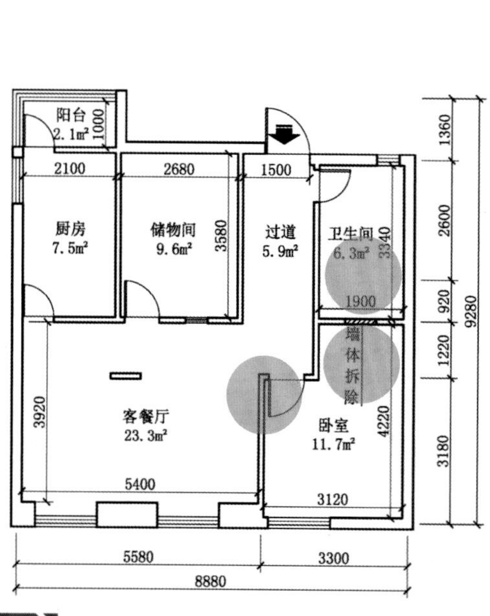

改造前

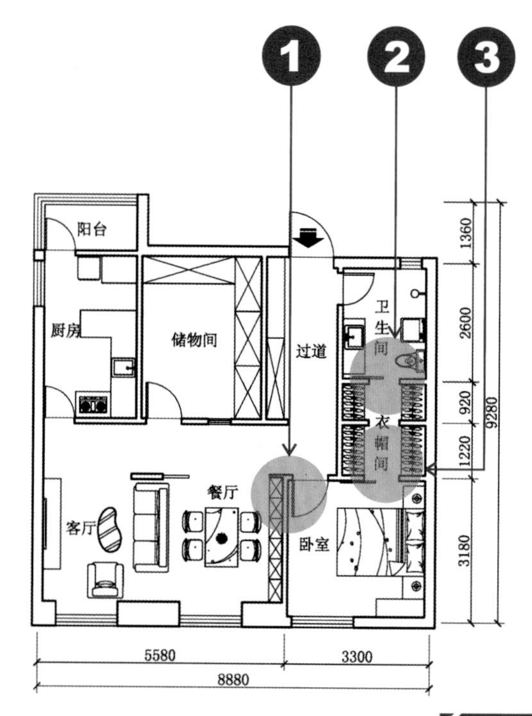

改造后

改造设计图

改造方法

❶ 在卧室与原客餐厅的一侧新建墙体，墙体长度与要制作的柜体长度一致，以此达到隔断空间的作用。

❷ 拆除卫生间与卧室之间的墙体，减少卫生间的使用面积，扩大卧室空间，需要注意的是拆除墙体后要规划出符合日常使用的卫生间空间。

❸ 在重新规划的卧室内新建墙体，设立方正的衣帽间。衣帽间根据需要可以划分为男、女各一间，也可二者混合，风格以简约风为主，色调以浅色系为主，两侧可对称设立，增强设计美感。

↓对称的衣帽间可以在无形中就将空间进行分区，对称能带来一种形式美。狭长的衣帽间在纵向视线上也能给人一种空间延伸的感觉

↑满面墙的书柜由于高度过高，可能拿取会比较不方便，可以选择在其旁设立简易楼梯。此外，客厅图形丰富的地毯也可为空间增添更多时尚感，与棉质的沙发搭配，相得益彰

↑面积较小的餐厅可以选择可收缩的餐桌，也可以选择带有储物功能的餐桌。灯光一般建议以暖色为主，可以很好地增强人们的食欲

↑面积不是特别大的卫生间，如果在墙体结构上不能有所改变，可以通过小件物品，如置物架、挂钩等来进行物品的收纳，同时大面的梳妆镜也能很好地拓展空间

案例 16 扩大横向面积延伸空间

打破隔离，开拓新视野

户型分析

这是一套内部面积在60m²左右的户型，包含有客餐厅、厨房、卫生间各一间，卧室两间，并有一处过道。这套户型客厅面积较大，采光充足，但卫生间有些狭长。设计要求能够有更多的生活空间，希望日常活动能够更流畅。

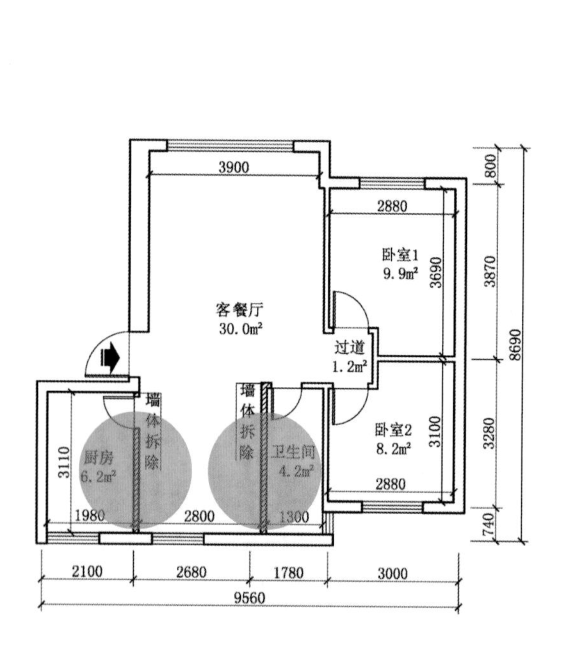

改造前

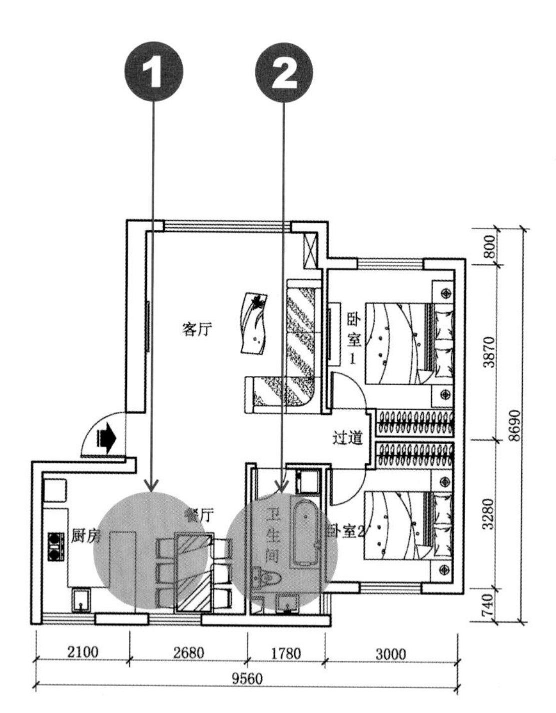

改造后

改造设计图

改造方法

❶ 拆除厨房外侧墙体，打通厨房与餐厅，增强空间视觉自由感，使之形成一个比较流畅的行走动线。

❷ 拆除卫生间靠近厨房一侧的墙体，同时将卫生间向厨房方向偏移300mm，扩大卫生间横向宽度，更便于布置洗漱器具。

↑统一色调能够有效地帮助延伸空间，无论是沙发还是地毯，均是统一的浅色系，仅有顶面的艺术铁艺吊灯由多种色彩组成，但也不会显得凌乱

↑客厅面积较大，可以将多余的空间设置为日常运动场所，摆上一个懒人沙发，一块小毛毯，配着有趣的剧情，享受闲适的生活

↑厨房与餐厅打通后，空气流通也会更畅快，橱柜台面既可以放置日常使用的厨具，同时高度比较适宜，也可作为用餐吧台使用

案例 17 十字交叉式突显大空间

以虚体墙代替实体墙，扩大视野空间

户型分析

这是一套内部面积在65m²左右的户型，包含有客餐厅、厨房、卫生间各一间，卧室两间，一处过道，一处阳台。这套房子房型方正，是比较常见的一种户型。设计要求在视野上扩大空间感。

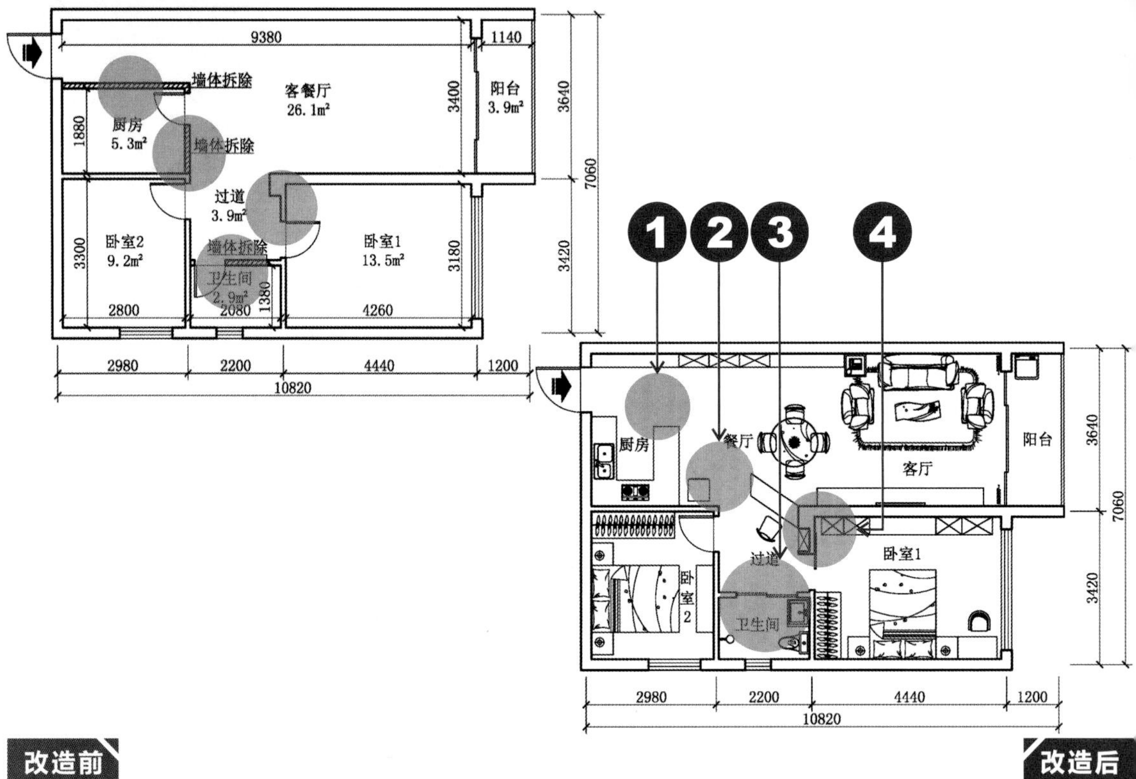

改造设计图

改造方法

❶ 拆除厨房靠近入户处墙体，在纵向扩大客厅和餐厅的视野，营造全开放式厨房，加深空间垂直深度。

❷ 拆除厨房另一侧墙体，在横向视觉上增强空间立体感，同时使阳台、厨房、客厅、餐厅相通，以此为厨房创造更多采光。

❸ 拆除卫生间靠近过道处墙体，改单扇平开门为双扇推拉移门，扩大卫生间内部空间。

❹ 在卧室1墙体凸起一侧，挨着门洞的区域处新建墙体，长度与所要制作的柜体长度一致，该实体墙可更有效地稳定柜体。

↑轻纱质的窗帘可以阻挡阳光，但同时也可以有效透光，浅色和紫色的异形沙发给客厅增添了更多的设计感，搭配墙面3D形式的艺术挂件，时尚感更足

↑卧室落地窗能够带来更多的采光以及更多的风景，不仅愉悦身心，也能延伸卧室空间

↑餐厅圆形的餐桌和过道侧边方形的书桌在形式上形成对比，使得空间不再单调。此外，大面积的白色也有扩大空间的效果

案例 18 变换空间改变功能分区

增加分区使用功能，提高空间利用率

户型分析

这是一套内部面积在47m²左右的户型，包含有客厅、餐厅厨房、卫生间、卧室各一间，一处过道，一处阳台。这套户型纵向伸展，比较规整。设计要求在兼具生活用途的同时能够创造更多的休闲空间。

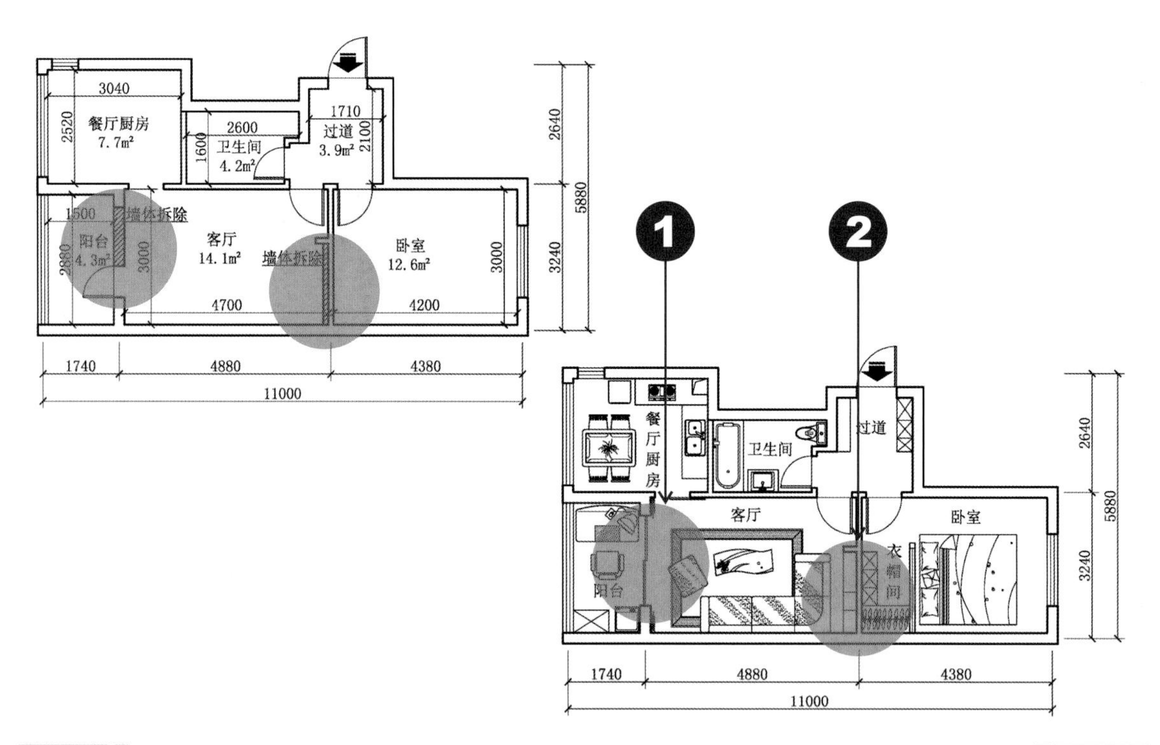

改造前

改造后

改造设计图

改造方法

❶ 拆除阳台靠近客厅一侧的墙体，使其在形式上与客厅相通，在阳台处设置书桌，封闭阳台，获取更多的休闲空间。

❷ 为了获取更多的储物空间，可拆除卧室靠近客厅一侧的墙体，只留120mm厚的墙体作为卧室的隔断墙。

←客厅电视柜侧面设置有收纳方格，如茶杯、小盆栽等装饰品可以放置于其中。客厅主打色调为白色，横条形状的灯具搭配落地灯也使得空间更加明亮

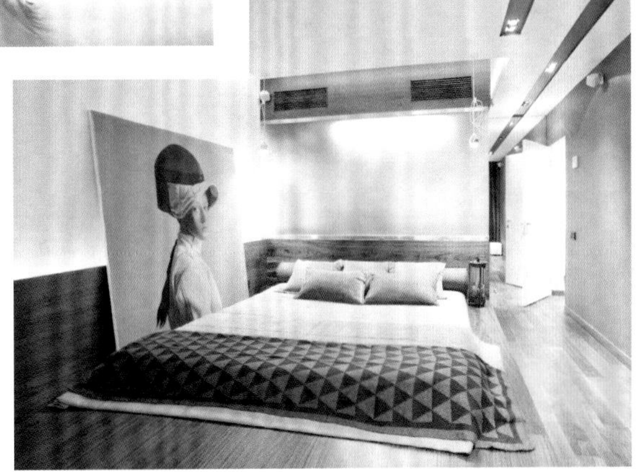

→衣帽间可以很好地增添时尚感，面积较大的卧室，可以选择合适的空间作为衣帽间，这样既能存储衣物，也能使大卧室显得不那么空旷

↑ 餐厅选用悬挂型金属外罩吊灯，搭配黑色木质方桌和四面白墙，整个空间彰显出浓厚的大气感

↑卧室地面采用长条形状地板纵向铺设，搭配顶面纵向分布的点状筒灯，空间在视觉上得到了有效延伸

↑阳台墙面选用灰色乳胶漆，顶面刷白色，白色书桌和灰色座椅与此形成呼应，增加了空间的趣味性

案例 19 拆墙体建立开放式空间

拆除隔断墙体，根据需要新建墙体，重新规划空间

户型分析

这是一套内部面积在$62m^2$左右的户型，包含有客餐厅、厨房、书房、卧室各一间，卫生间两间，并有一处阳台。这套户型仅有一间卧室，对于三口之家来说有些拥挤，行走通道也稍显狭窄。设计要求增加卧室，扩大行走空间。

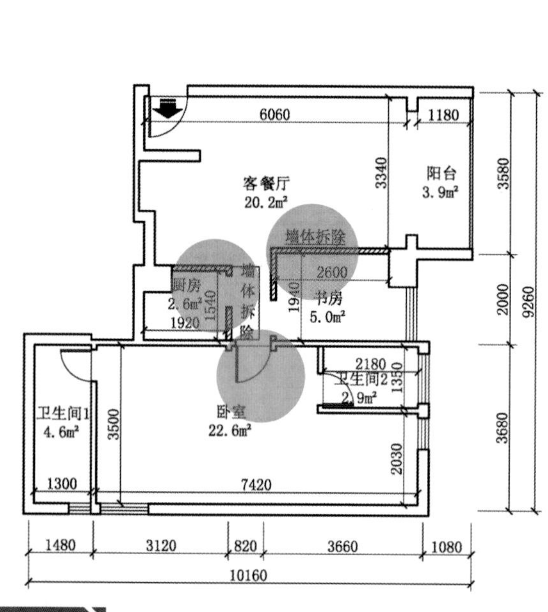

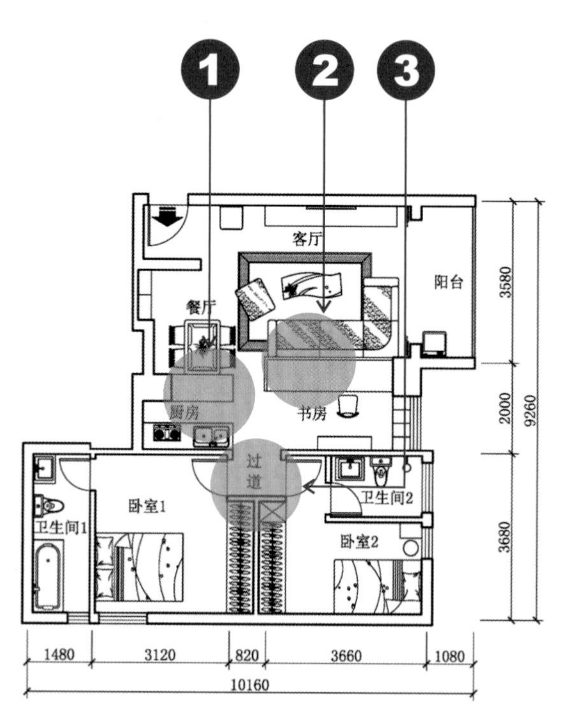

改造前

改造后

改造设计图

改造方法

❶ 拆除厨房两侧墙体，使之形成开放式格局，这样既可以扩大厨房空间感，也可以增强客厅和餐厅开阔感。

❷ 拆除书房一侧的墙体，使之与客厅在视觉上成为一个既独立又统一的整体，这样不仅可以获得客厅的阳光，也能扩大客厅活动范围。

❸ 移动卧室门洞的位置，并取其横向长度的中间值，在此处新建墙体，将原始卧室一分为二，恰好空间内左右两侧均有一间卫生间，刚好可以分别并入重新划分出来的两间卧室之中。

↑书房书桌的背面恰好可以为客厅沙发提供支撑点，且在无形中使客厅和相对书房独立，但又不浪费任何空间，书房与客厅均以白色为主，色调干净且清新

↑小餐厅会更适合选用垂挂型的艺术吊灯，这种灯具的灯光比较集中，且艺术吊灯具有一定的美观性，可以为小餐厅增添更多情调

↑面积较小且层高不是特别高的开放式书房不建议设置书柜，选择简约的铁艺书架会更合适，这样既可以放置书籍，也不会显得过于沉重

←小空间除了基本的储物柜之外，还可以充分利用墙面，在客厅墙面上设置几块小层板，可放置少量的装饰品或其他物品，兼具实用性和观赏性

案例 20 扩大采光营造明亮家居

采用开放式格局，力求每个空间能拥有足够的采光

户型分析

这是一套内部面积在80m²左右的户型，包含有客餐厅、厨房、卫生间、书房各一间，卧室两间，并有一处过道。这套户型各分区基本上纵向长度都比较长，分区比较丰富，但厨房采光较少，不利于日常烹饪。设计要求整合空间，重新划分采光量。

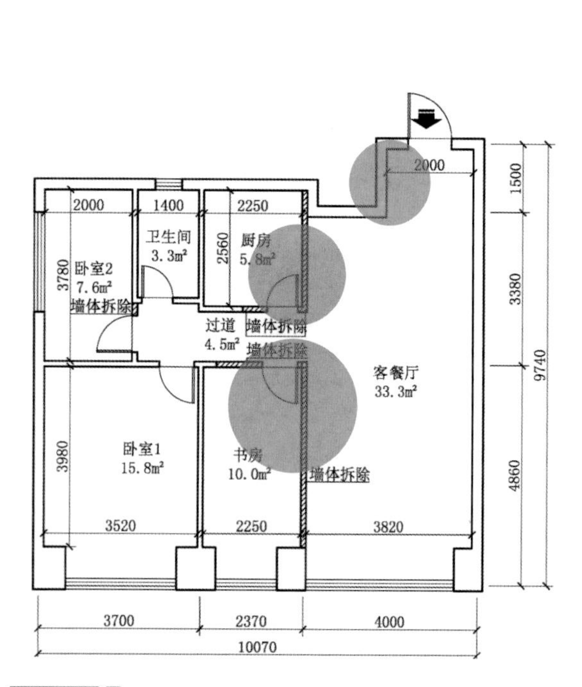

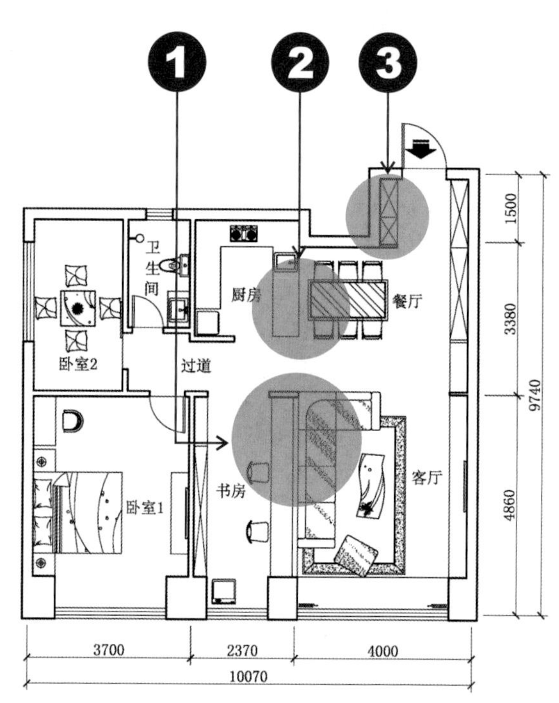

改造前

改造后

改造设计图

改造方法

❶ 拆除书房靠近客厅一侧的墙体，并去除门洞，将书房改为开放式格局。书房与厨房门洞相对，厨房可从此处获取部分采光。同时，开放式格局也能为书房增添更多的储物空间。

❷ 厨房没有窗户，可将厨房靠近原客餐厅处的墙体拆除，借用客厅的采光，同时在厨房内设置工作筒灯，提供双重照度。

❸ 在入户处新建墙体，为鞋柜侧边提供支撑点，同时此处侧面墙还可设置成部分内凹的形式，可将小件物品放置其中。

→纵向长度较长的客厅可以选择多人座沙发，搭配圆形茶几，圆形茶几不宜过高，一般选择高度在350～400mm的范围即可

→餐厅靠近开放式厨房，因此餐桌和餐椅的选择要能与厨房摆件相搭配，否则很易引起视觉焦虑感，影响用餐氛围

→开放式书房要留有足够的行走通道，这样在视觉上才不会显得空间过于狭小，同时在色调的选择上也要以浅色为主，深色为辅

案例 21 小改动增强空间利用率

用柜体代替墙体，充分利用空间的角角落落

户型分析

这是一套两层楼的户型，一楼内部面积在19m²左右，二楼面积在30 m²左右，一楼含有客餐厅、厨房、卫生间各一间，二楼含有客厅、书房各一间，两间卧室，并有一处过道。这套户型总体面积较小，设计要求能使该房型更有价值。

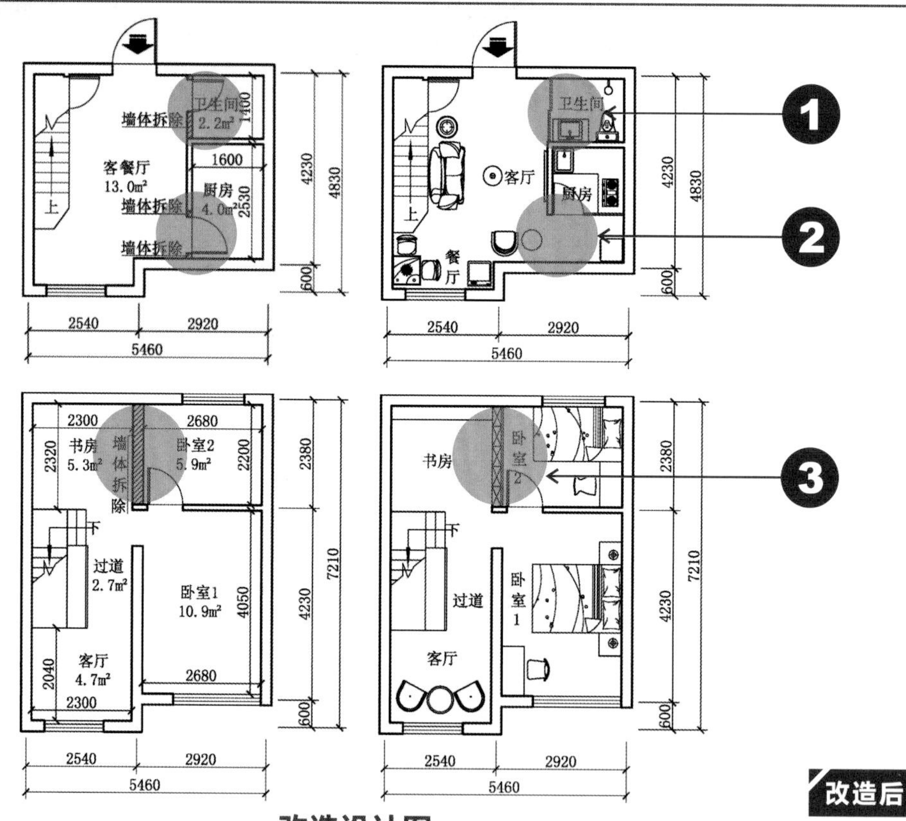

改造前

改造后

改造设计图

改造方法

❶ 拆除一楼卫生间墙体，将原有的单扇门洞换为更节省空间的玻璃推拉门，以扩大卫生间内部空间，使其得到更有效的利用。

❷ 移动厨房门洞的位置，为客厅预留出更多的空间，但要注意保持厨房基本的活动空间。

❸ 拆除二楼书房靠近卧室2一侧的墙体，利用柜体来代替实体隔断墙，这样既可以增加书房存储空间，使其内部空间能够得到最大化使用，也能和客厅相通，获取客厅的采光，使空间内部更明亮。

→一楼层高较低，不必设置吊灯，顶面灯具选择明亮的筒灯即可。由于一楼采光面积较少，还可以在客厅侧边圆形桌上设置台灯，但其亮度应适宜，以免引起眩光

→卧室是休憩的区域，灯光主要以暖色为主。层高较低的卧室，顶面不需要有任何装饰，刷成白色即可，这样简单又不会带来压抑感

→二楼层高依旧不是特别高，书房处选择亮度足够的灯带再合适不过，当然还可以依据个人需要再增加台灯

案例22 拆除墙体自然分割空间

拆除阻碍视野、无甚用处的墙体，从形式上自然分区

户型分析

这是一套内部面积在54m²左右的户型，包含有客厅、厨房、卫生间、储藏间各一间，卧室两间，一处过道，一处阳台。这套户型坐南朝北，采光主要集中在西侧和东侧，房型比较狭长，设计要求能使空间看起来更大气，弥补纵向长度带来的缺陷感。

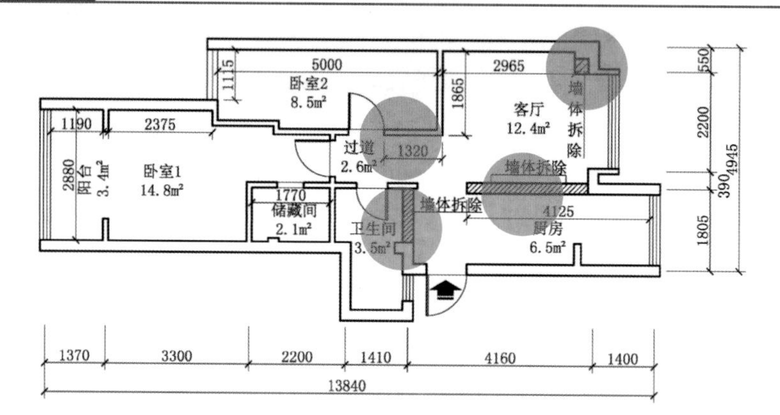

改造前

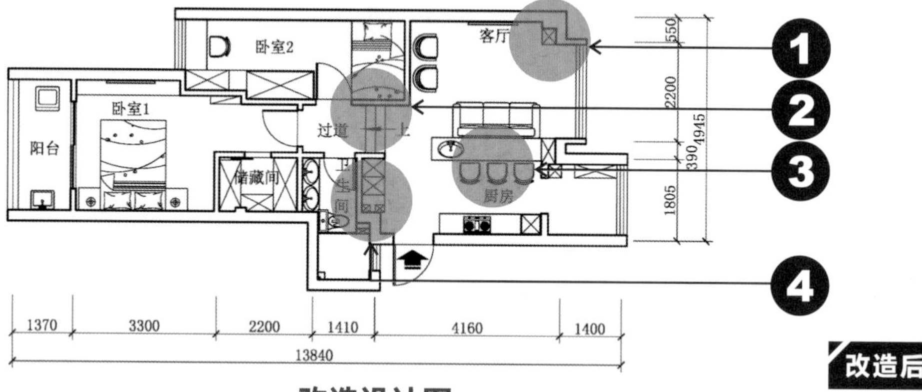

改造后

改造设计图

改造方法

❶ 拆除客厅墙角处的墙体，在此处可设置储物柜，这样也能最大限度地利用空间。

❷ 客厅通往卧室的过道中设立几级小台阶，在无形中进行功能分区的划分。

❸ 拆除厨房与客厅之间的墙体，营造开放式格局，使得客厅与厨房的采光同时作用，使室内空间更显明亮。

❹ 改变卫生间与入户走道之间的墙体位置，以此来扩大厨房空间，也使卫生间空间更规整。

↑镜子可以在视觉上扩大空间，开放式的厨房处设置了整面墙的镜子，客厅的场景反射到镜子中，空间在视觉上显得更大气

→金属可以很好地反射光线，同时金属色属于冷色调，与厨房内暖色的光可以很好地搭配在一起

→卧室层高较低，选择平顶是再好不过了。卧室门带有镂空纹样，有效弱化了狭长的卧室空间带来的不适感

案例23 巧用墙体营造舒适家居

在合适的区域新建墙体，使家居生活更便捷、舒适

户型分析

这是一套内部面积在53m²左右的户型，包含有客餐厅、厨房、卫生间、卧室、储物间各一间，并有一处过道，一处阳台。这套户型坐北朝南，且采光充足，只卫生间面积过小。设计要求能够更方便地生活，分区能够更具体。

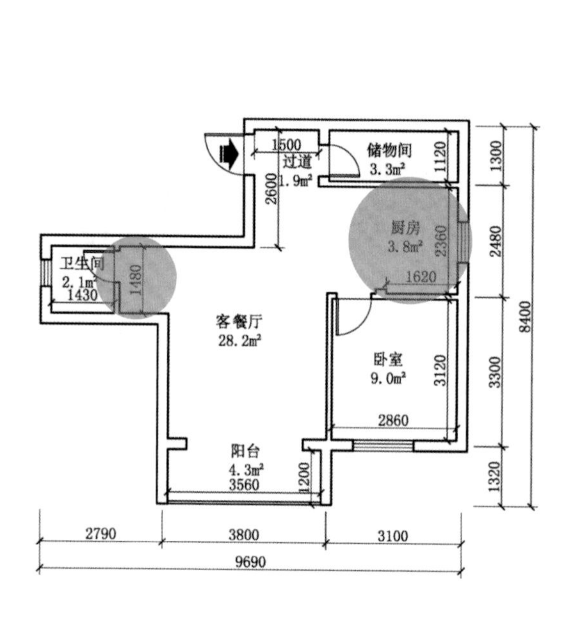

改造前

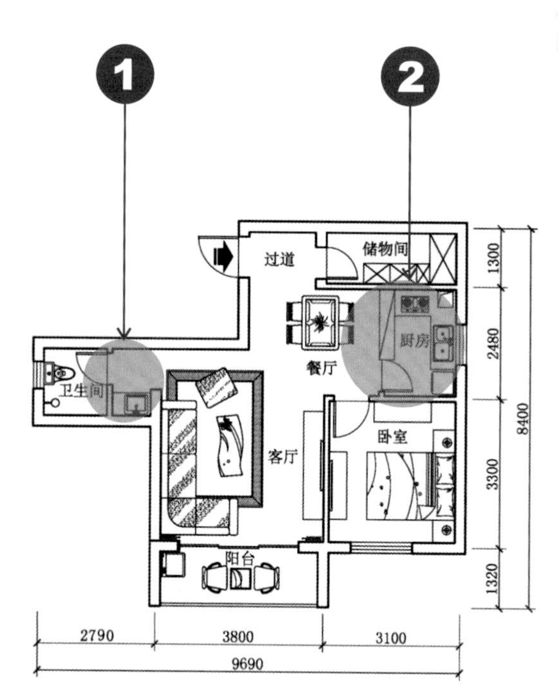

改造后

改造设计图

改造方法

❶ 在卫生间外设置干湿分区，这样能方便日常洗漱活动，同时也能有效利用空间，扩大日常活动范围，使生活更便捷。

❷ 在厨房处设置柜体，以此代替墙体，柜体中间需预留出一部分开放区，使厨房形成半开放格局，同时厨房门采用隐形门，使其与柜体形成一体。

→灯带在装饰空间的同时，也可以起到照明的作用。面积较大的客厅可以选择设置灯带。客厅内色调以浅色调为主，少量亮色为辅，二者互相搭配，营造舒适家居

→隐形门可以有效地达到统一空间色调，缓解空间杂乱感的目的。此处厨房门与卧室门均采用统一色调，与地面深色调以及侧墙面深色调相搭配，十分协调

→客厅内如果光线不够，还可额外设置落地灯。拥有金属外罩的落地灯光线比较集中，且外部清洁也比较方便，适合日常生活中使用

案例24 改变隔断形式完善家居

创造新的隔断形式，使家居更具实用性和美观性

户型分析

这是一套内部面积在63m²左右的户型，包含有客餐厅、厨房、卫生间、书房各一间，卧室两间，一处过道，一处阳台。这套户型客厅、卧室面积都比较合适，每个区域都有充足的采光面积。设计要求完善家居功能，强化室内美观性。

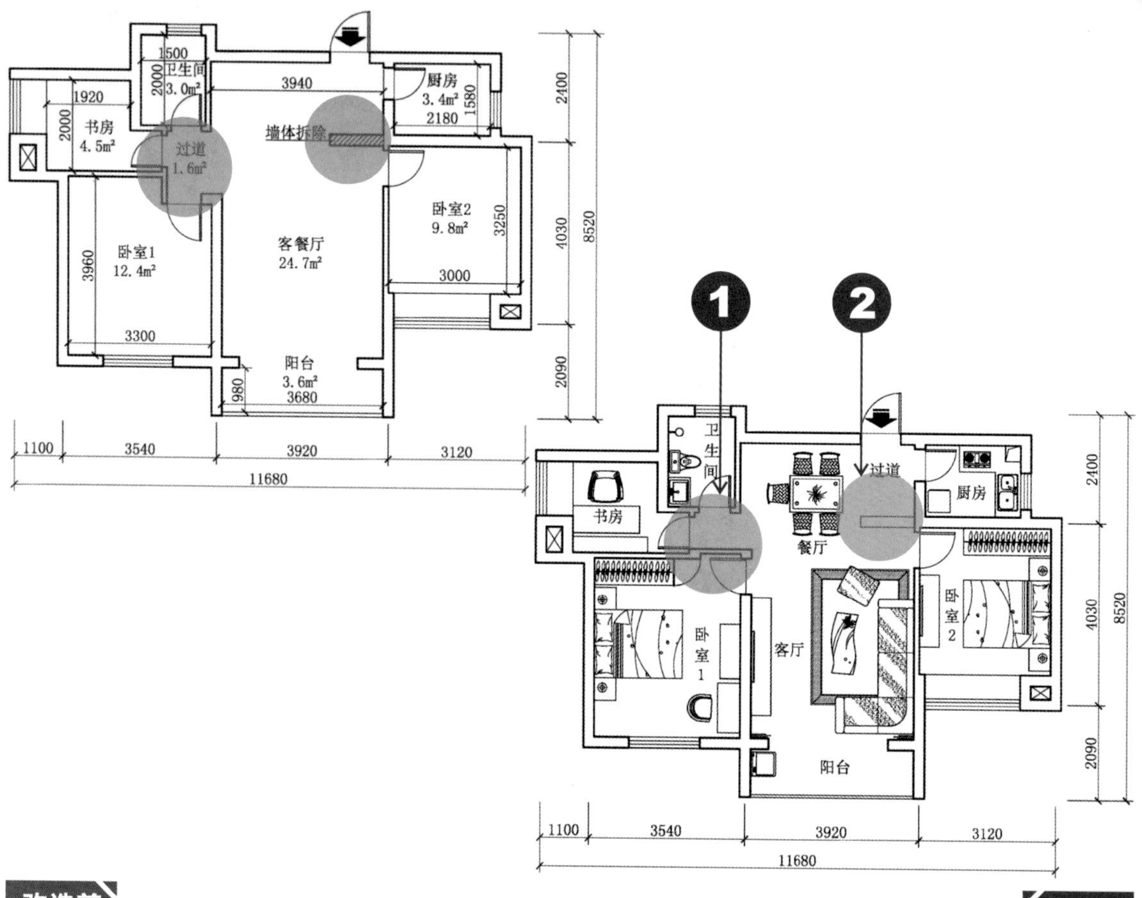

改造设计图

改造方法

❶ 改变卧室1门洞的位置，改原单扇门为隐形门，统一空间色调，规整卧室1空间，扩大存储面积。

❷ 拆除入户玄关处的隔断墙体，以柜体或镂空博古架来代替墙体，以此增强室内流畅感，强化室内装饰。

↑环形的艺术吊灯为客厅增添了更多美感，电视背景墙处的镜面玻璃也显得客厅更开阔，这些装饰部件的运用对于美化家居十分奏效

↑卧室应以浅色调为主，太过鲜亮的色彩反而会不易于睡眠。衣柜除去基本的储物功能外，在其侧边还设置了小储物隔间，有效增强了衣柜的使用功能

↑餐厅同样选用了艺术吊灯，且其色调与空间主色调相符。餐厅背景墙处还设置了内凹的储物空间，扩大了餐厅的收纳空间

↑书房空间较小，高度适中的储物柜是比较好的选择，无门储物柜也能弱化小空间带来的沉闷感。同时白色的书桌与白色的墙面也相得益彰，配着窗外的阳光，格外惬意

案例 25 合并功能区缔造大住宅

拆除厚重的墙体，营造更大的空间

户型分析

这是一套内部面积在98m²左右的户型，总体面积较大，但空间内拐角处偏多，阳台也不是传统的方正形，好在采光比较充足。设计要求合理规划空间，提高空间利用率。

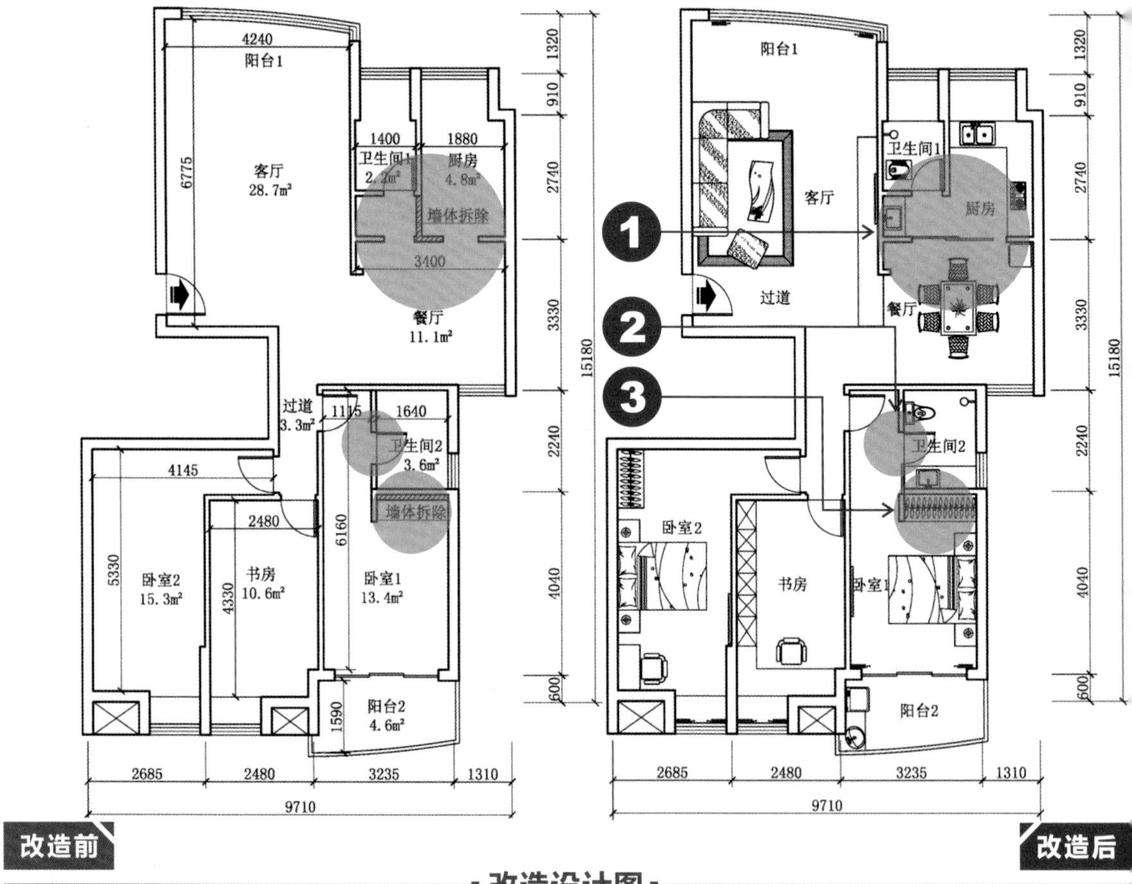

改造设计图

改造方法

❶ 拆除厨房门洞处以及靠近卫生间1一侧的部分墙体，改原来的单扇门为双扇玻璃推拉门，同时将卫生间1并入到厨房中来，合并功能分区。

❷ 拆除卫生间2靠近卧室1一侧的墙体，改原始墙体为玻璃隔断。玻璃隔断具有很强的通透性，增强卫生间空间感，提高空间利用率。

❸ 拆除卧室1处靠近卫生间2一侧的墙体，将厚度为240mm的墙体改为厚度为120mm的墙体，以此扩大衣柜的储物空间。

↑斑马纹的沙发为客厅增添了不少的趣味性，餐厅处设置的水晶帘具有很强的装饰性，同时也起到了隔断的作用

↑对于许多包含有卫生间的卧室，选择玻璃隔断作为卫生间干湿分区的隔断墙，是十分明智的选择。轻质的玻璃隔断能有效地阻隔水汽，使用寿命也较长，同时也不缺乏美观性

→带有飘窗的卧室本身就具有更丰富的功能性，可以选择在其表面铺贴装饰瓷砖，铺上小毛毯，飘窗即刻成为休憩小酌的最佳之处。为了更好地装饰空间，可以选择带有艺术造型的窗户，窗户的镂空纹样可专门定制，这种样式的窗户也使得卧室装饰有别于传统，更具美观性

案例26 改变内部结构扩大存储

拆除原始墙体，创造新的内部空间，提高存储量

户型分析

这是一套内部面积为56m²左右的户型，包含有客餐厅、厨房、卫生间、书房各一间，卧室两间，并有一处过道，一处阳台。这套户型内部机构方正，客餐厅面积适中，但客厅采光较少。设计要求营造更温馨的家居。

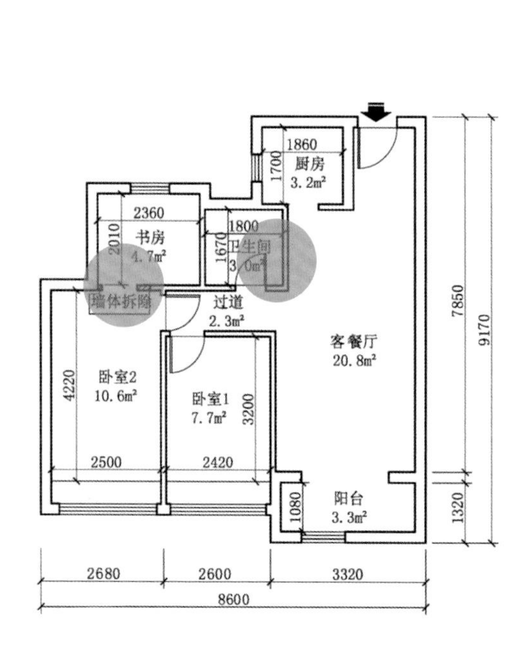

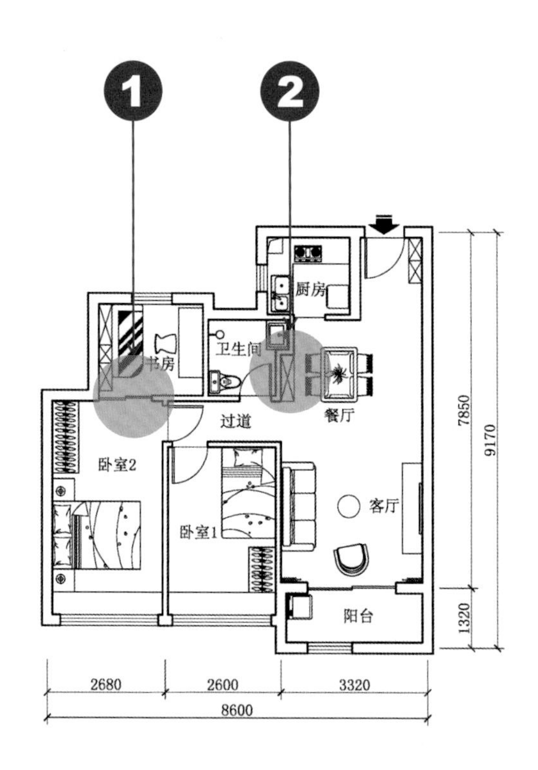

改造前　　改造后

改造设计图

改造方法

❶ 拆除书房靠近卧室2一侧的墙体，将原始的单扇平开门改为双扇轻质玻璃推拉门，以扩大采光和视野。

❷ 改变卫生间靠近原客餐厅一侧的墙体，使之成为内凹形，并在凹陷处设置储物柜，这样既可以装饰空间，也可以很好地存储客厅、餐厅内的物品和放置艺术品。

→暖黄色更能营造温馨的感觉。书房浅木色书柜搭配暖黄色灯管以及黄色地毯，相互呼应，极具观赏性

↓次卧选用高低床，但底部床体改为书桌，墙面选用米白色壁纸，搭配暖白色灯光，给人一种温暖的感觉

←厨房橱柜与窗帘统一色调，墙面亮色瓷砖为空间增添了更多的轻松感，搭配智能厨具，时尚且现代

↑椭圆形的镜子与方形墙面搭配，也会有不一样的效果。内凹形的储物柜一直设置到顶面，实用且美观

案例 27 改变布局保留基本分区

依据使用者的情况，对空间进行再次分区，强化空间实用价值

户型分析

这是一套内部面积为63m²左右的户型，虽然面积不是非常大，但分区较多。设计要求在保留基本功能分区的情况下，适合三口之家的生活。

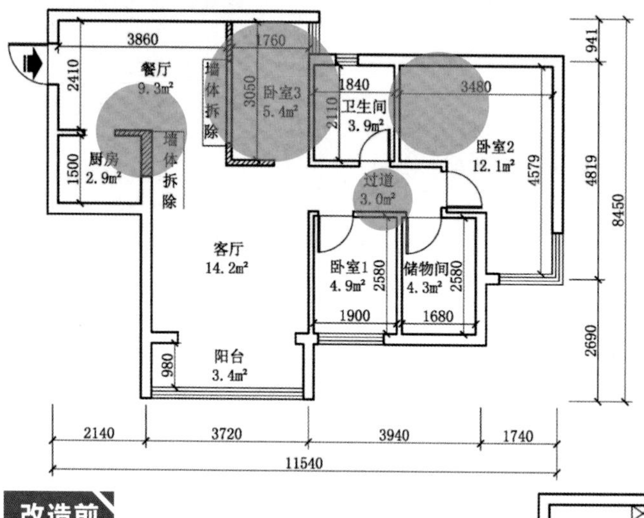

改造前

改造后

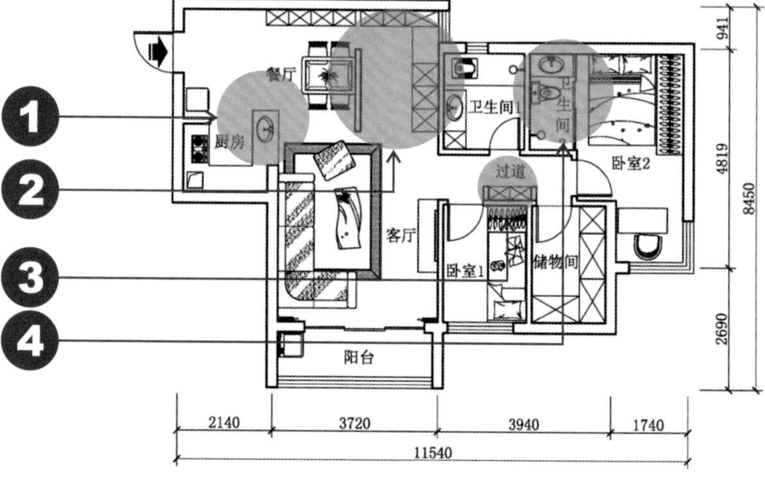

改造设计图

改造方法

❶ 拆除厨房靠近餐厅和靠近客厅一侧的墙体，以打造开放式格局。

❷ 依据使用情况拆除卧室3靠近餐厅和客厅的墙体，使之形成整体空间。

❸ 过道比较宽，将其宽度缩短300mm（偏向卧室1一侧），并在此处设置内凹形储物柜，为室内增添更多的储物空间，提高居住舒适度。

❹ 在卧室2中隔出一间卫生间，并采用玻璃推拉门，以节省空间。

→对于中等面积的客厅而言，电视背景墙可以成为很好的储物空间，在电视背景墙的两侧设置同样的储物柜，既具实用性，也富有美观性

→小高度的台阶可以在无形中进行功能分区，此处餐厅设立有木质隔墙，木质台阶同时也是小型的抽屉柜，同时具备了功能性和实用性

→卫生间内的玻璃框架不会占用很多空间，耐用性也比较好，一定程度上缓解了实墙带来的单调感

案例 28 能拆则拆规划新的布局

改变原始分区情况，拆除墙体，营造时尚、生活化的家居

户型分析

这是一套内部面积为107m²左右的户型，包含有客厅、餐厅、厨房各一间，卧室三间，卫生间两间，并有一处过道，一处阳台。这套户型面积较大，但分区凌乱，优点是采光还不错。设计要求重新规划分区，创造更符合日常生活的时尚家居。

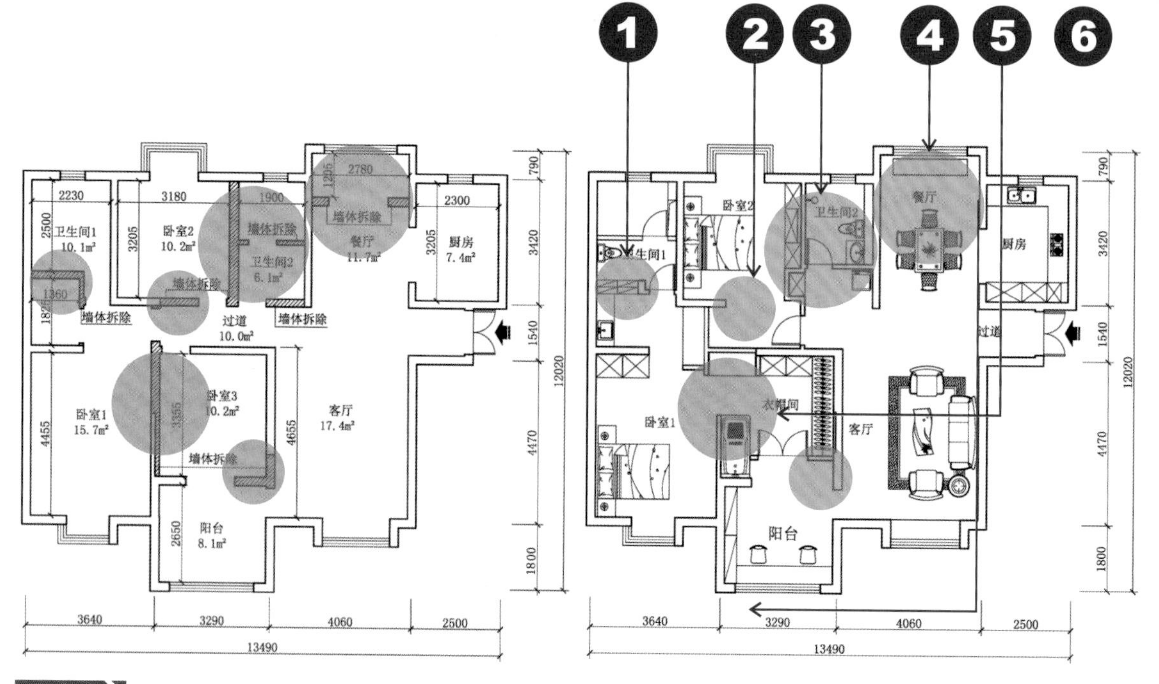

改造前　　改造后

改造设计图

改造方法

❶ 拆除卫生间1外侧墙体，设立储物柜与干湿分区，提高空间利用率。

❷ 拆除卧室2靠近过道的墙体，将部分过道空间纳入卧室2中。

❸ 拆除卫生间2处靠近过道和内部的隔断墙体，以扩大使用面积。拆除卧室2靠近卫生间2一侧的墙体，部分内凹处可设立储物柜。

❹ 拆除靠近餐厅和阳台一侧的墙体，扩大餐厅使用面积和采光面积。

❺ 拆除卧室1与原卧室3之间的部分墙体，将原卧室3改为衣帽间并与卧室1合并。

❻ 拆除原卧室3与阳台之间的墙体，改变原有开门方式，创造新门洞。

↑客厅面积适中，为了追求实用性，可以安装中央空调，同时吊扇灯既为客厅提供了照明，也装饰了客厅，搭配色彩丰富的挂画，很是奇妙

↑位于客厅左侧的书房具有良好的采光，色调以浅色为主，深色为辅，搭配少量绿植，整个空间灵动而富有生活气息

↑餐厅装饰简单，作为餐厅背景墙存在的木质凹凸墙为空间增加了许多的趣味性和时尚感，垂挂式吊灯与顶棚面仿佛浑然天成，十分自然

↑卫生间设置有内凹式的存储空间，浅色的木地板乍看十分突兀，但却与门洞上方的构造相搭配，使整个卫生间也不会显得拥挤

案例 29 改造门洞细化室内空间

改变门洞大小，以新门洞进行新的分区

户型分析

这是一套内部面积为61m²左右的户型，坐北朝南，采光充足，但分区不够详细。设计要求将功能分区进行细分，使空间更规整。

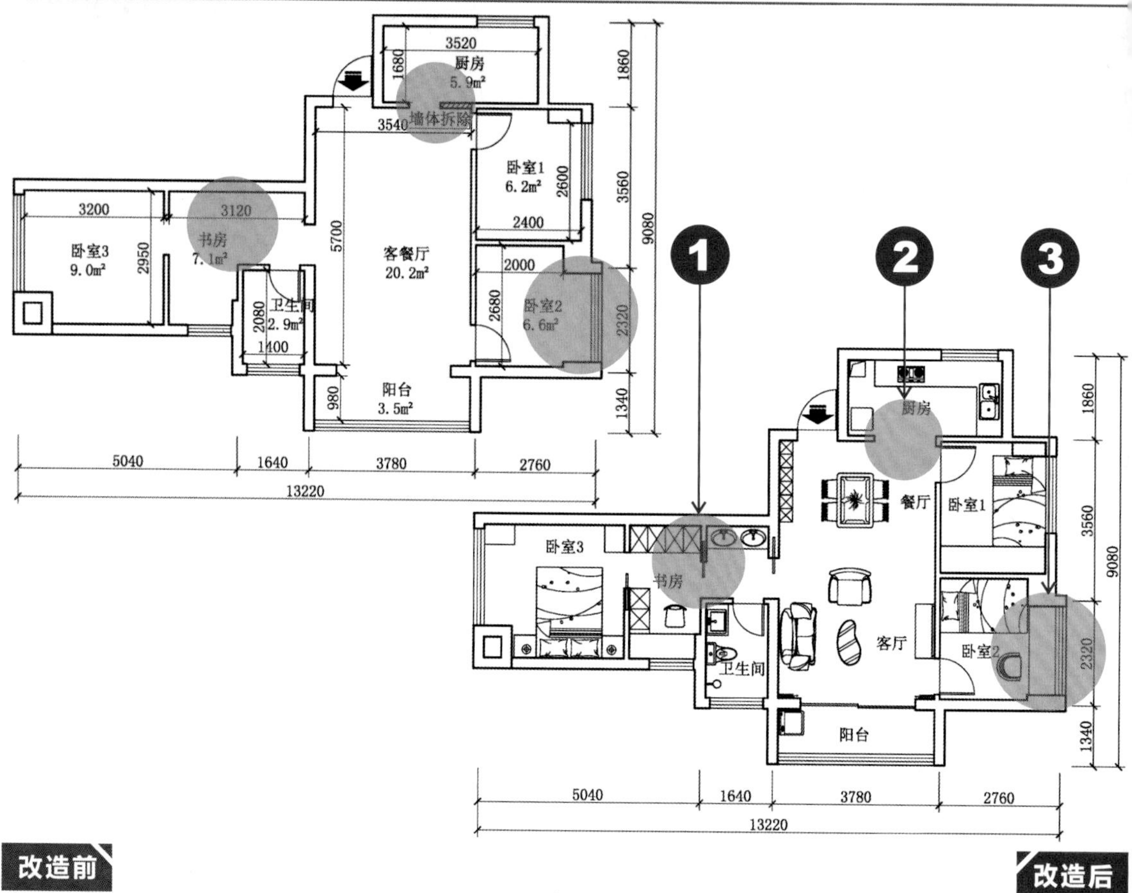

改造设计图

改造方法

❶ 在书房一侧新建墙体，墙体位置与卫生间靠近书房一侧墙体处于同一水平线，并安装嵌入式的移门。改变书房门洞大小，同样安装嵌入式移门，使得书房、卫生间都纳入到卧室3中。

❷ 拆除厨房靠近原客餐厅一侧的墙体，改变厨房门洞大小，使厨房形成半开放格局，增强室内空间感。

❸ 在卧室2中设立一体式书桌，书桌下部腾空，卧室内采光为日常的阅读和工作提供了足够的亮度，还可将书桌变为飘窗，以供日常休憩时使用。

↑隐形门可以增强室内装饰的统一性，此处卧室门与电视背景墙处于同一方位，同色系的隐形门可以强化空间感

↑餐厅背景墙处内凹的区域可以放置一些艺术品，能起到装点空间的作用

↑带有书房和卫生间的卧室，本身结构就比较复杂，可以选择以白色为主，其他色为辅，这样的空间存储量保持适中即可

↑小面积带有柱子的卧室要注意巧妙运用柜体对柱体进行修饰，色调同样以白色为主，与空间主色调相配

↑带有异形墙体的卧室可以选择利用层板来规整空间，层板不宜过多，两三块即可，色调同样以白色为主，以此来降低顶面带来的压抑感

案例30 改变分区面积扩大存储

缩小部分功能分区面积，以此设立更多的储物空间

户型分析

这是一套内部面积为58m²左右的户型，包含有客餐厅、厨房、卫生间、书房各一间，卧室两间，一处过道，两处阳台。这套户型坐西朝东，入口处便是厨房，是比较常见的房型。设计要求扩大厨房空间，优化室内采光问题。

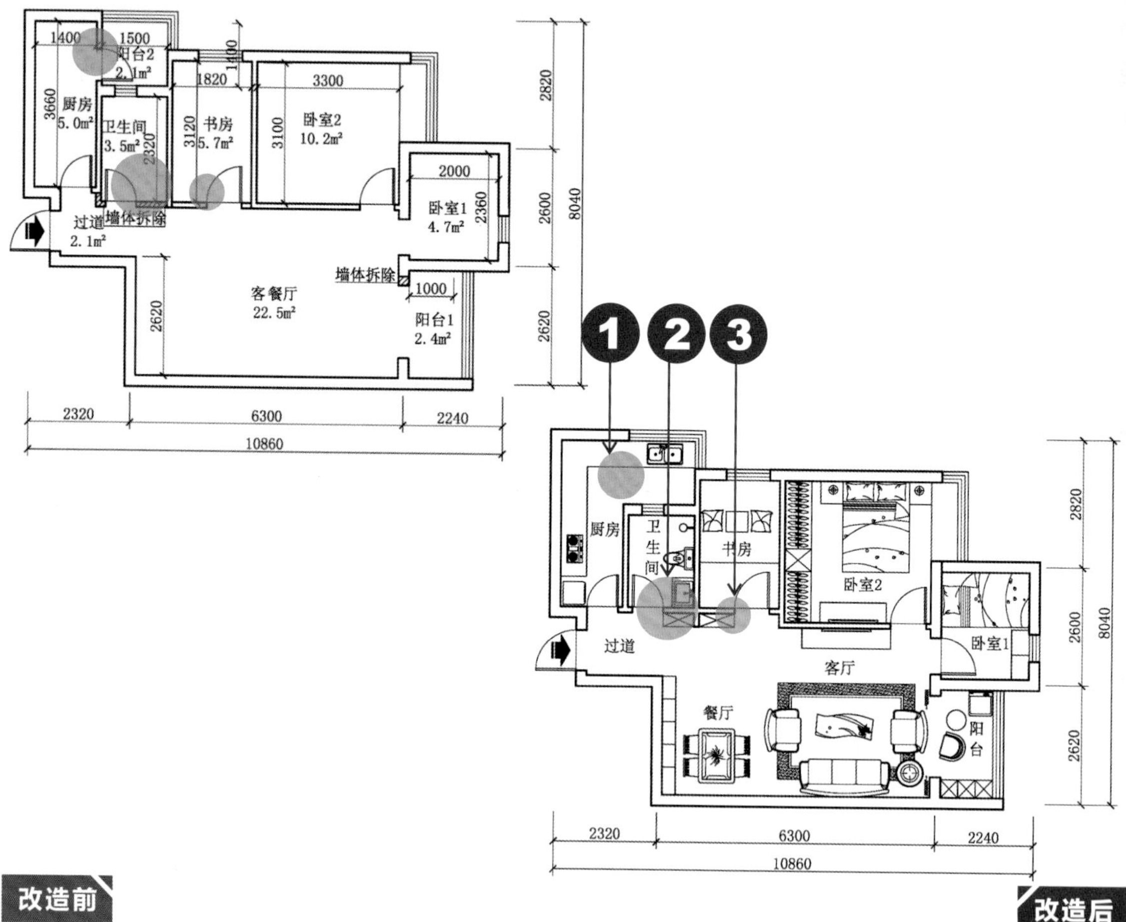

改造设计图

改造方法

❶ 拆除厨房中原阳台2的墙体，使厨房和原阳台2成为一个整体，扩大厨房面积。

❷ 拆除卫生间靠近过道一侧的墙体，缩小卫生间面积。

❸ 在卫生间与书房并用的墙体一侧新建厚度为120mm，长度为300mm的墙体，并在墙体两侧设立合适的小型储物柜。

↑3D立体装饰字具有很强的艺术美感，装饰性很强，色彩亮丽的棉麻沙发也为客厅增添了更多质感和高级感

↑餐厅白色的酒柜和作为背景墙存在的大幅深色装饰画形成了强烈的对比，在三维空间上有了一个色彩的递进，艺术气息很浓郁

→书房面积较小，层板下方设置的长条镜在视觉上扩展了空间，同时白色的层板和白色的墙面也有效地提高了书房内的亮度

→作为休闲区域存在的阳台，可以设置开放式的储物柜，摆上浅色的圆桌，浅色的沙发椅，整个空间弥漫着一种自由、舒适的气息

案例31 合理改造优化使用面积

改变空间封闭状态，创造更多的使用面积

户型分析

这是一套内部面积为86m²左右的户型，包含有客餐厅、厨房、书房各一间，卧室两间，卫生间两间，并有一处过道，两处阳台。这套户型属于比较常见的三室两厅的格局，卧室面积都比较大，只是公用卫生间面积较小。设计要求通过改造内部墙体来强化空间利用率，扩大使用面积。

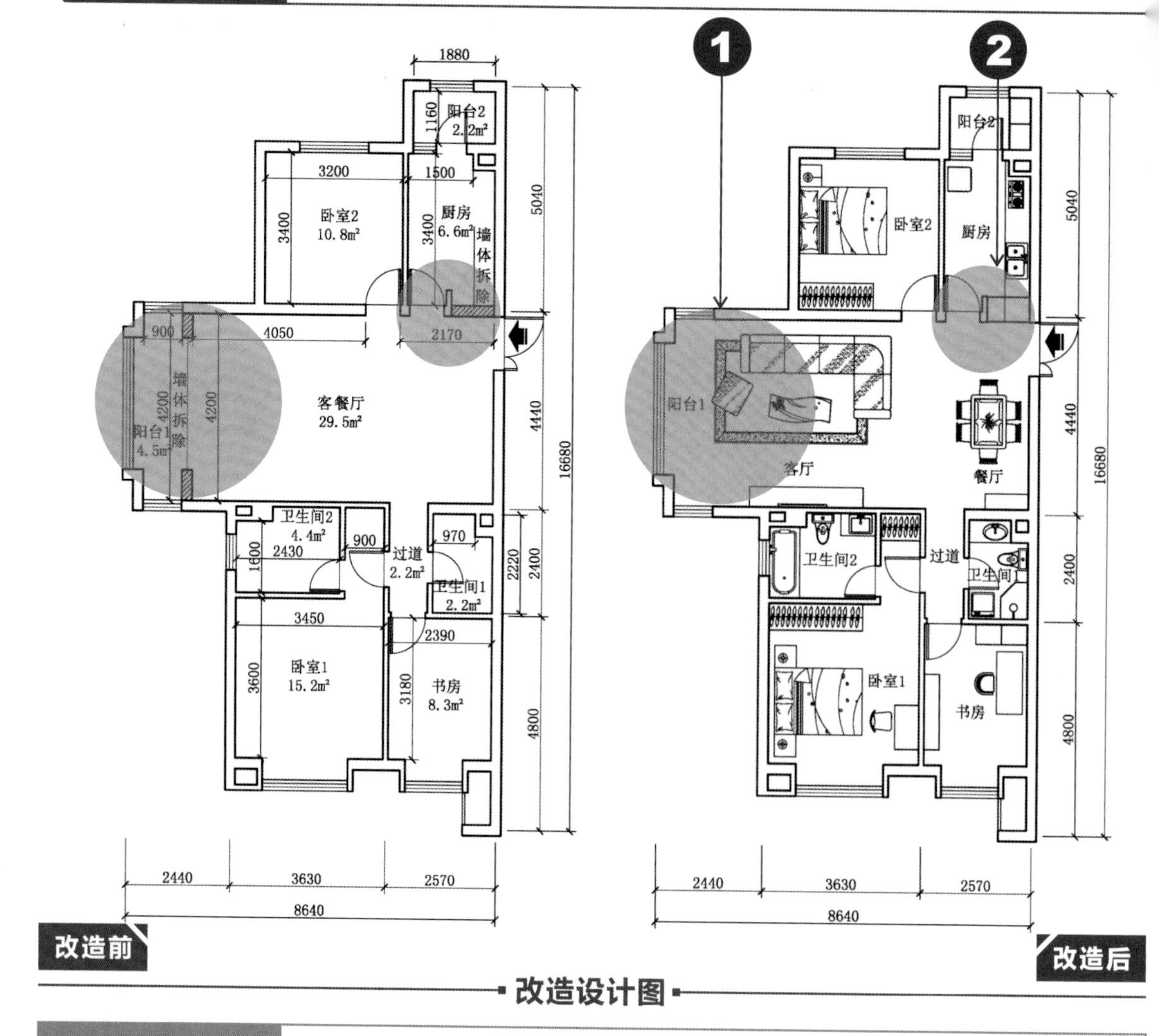

改造设计图

改造方法

❶ 拆除阳台1门洞处的墙体，扩大客厅、餐厅使用面积，提高采光率。

❷ 拆除入户处厨房门洞一侧的墙体，将其改为可以存储物品的储物柜，以此扩大厨房使用面积，提高利用率。

↑针对层高不是特别高的客厅，采用纵向排列的浅色木纹瓷砖，可以起到延伸空间高度的效果，不至于太压抑

↑书房布局简单，由白色木板搭配金属竖条组成的置物架兼具实用性和美观性，同时开放式的置物架也为空间布置增添了趣味性

↑餐厅背景墙同样选择了浅色木纹瓷砖，纵向排列。而餐桌、餐椅则和顶面一样为白色，简单却又不失单调，与餐厅背景墙形成完美的搭配

↑卫生间并不全是统一的色调，蓝色和浅白色将卫生间一分为二。而白色带来的简约感和蓝色带来的清新感也完美地结合在一起

案例32 分清主次空间平衡采光

明确主要活动场所，重新划分采光范围

户型分析

这是一套内部面积为67m²左右的户型，分区合理，采光面多。设计要求增强主要生活场所采光率，能更方便日常生活。

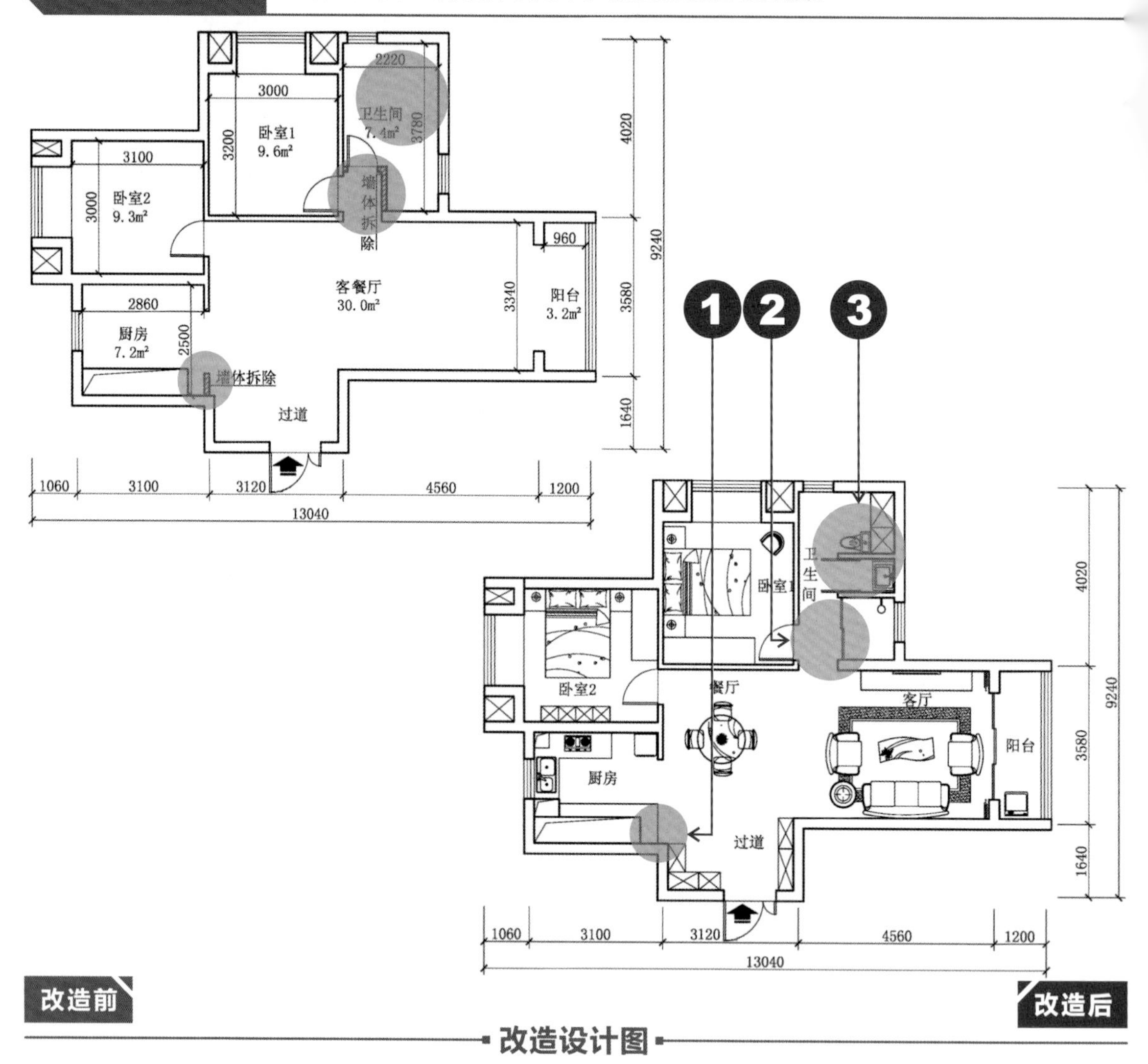

改造设计图

改造方法

❶ 拆除厨房靠近过道一侧的墙体，营造开放式格局，方便日常烹饪。

❷ 拆除卫生间靠近客厅一侧的墙体，并将阳光有效地引入到卧室1中。

❸ 在卫生间内新建墙体，以分隔出沐浴区和洗漱区等其他功能分区，将卫生间空间细致化，更能满足日常生活需要。

→客厅流畅的行走动线能有效增强空间美感。整个空间以浅色调为主，橙色为辅，色调新颖

↑布满墙面的装饰画可以修饰卧室，但装饰画的色调要选择较为素雅的，太过鲜亮的色彩容易使人兴奋，不助于睡眠

↑简易的立体挂饰同样也可以装饰卧室，以使卧室更具设计感和时尚感，同时也不会占据较多的空间，但一般宜以小件装饰物为主

←在狭长形的干湿分区中，选择面积较大的梳妆镜能起到强化空间感的作用

→纯色的墙面搭配色彩、造型均不太复杂的装饰画会显得空间更具立体感

案例33 挪动门洞将空间合理化

改变门洞位置，改变开门方式，强化空间观赏性

户型分析

这是一套内部面积为112m²左右的户型，包含有客餐厅、厨房、卫生间、书房、衣帽间各一间，卧室三间，一处过道，四处阳台。这套大户型坐北朝南，房型方方正正，采光充足。设计要求创造更具美感和设计感的家居环境。

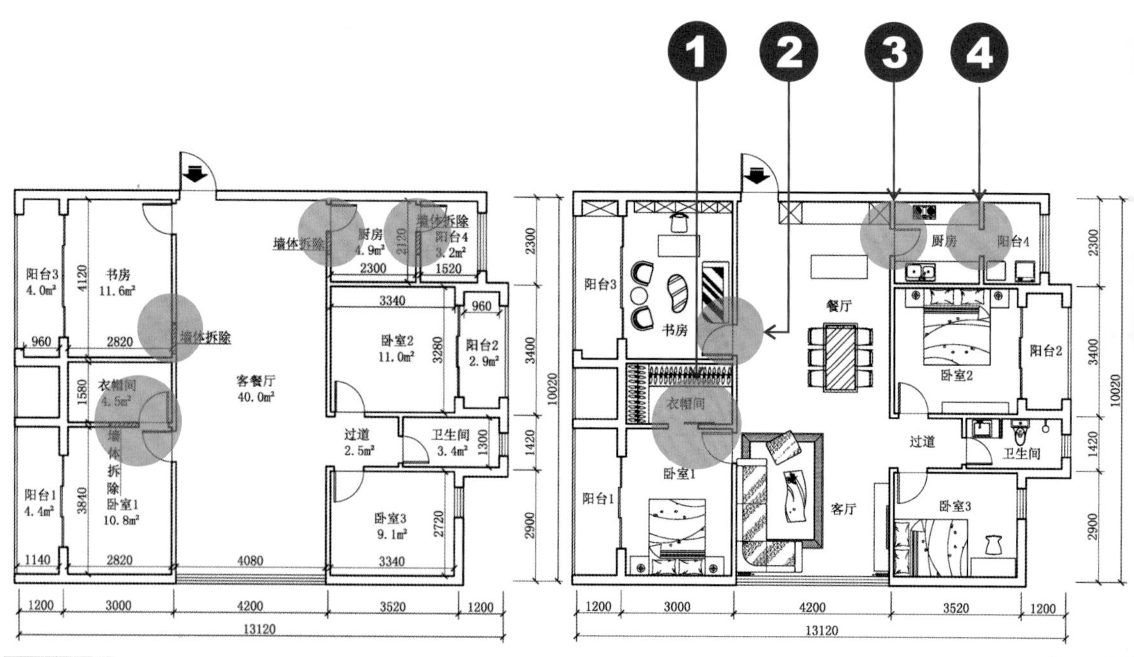

改造设计图

改造方法

❶ 拆除衣帽间一侧部分墙体，将原始单扇平开门改为嵌入式单扇玻璃移门，扩大卧室1的使用空间和行走空间。

❷ 改变书房门洞位置，将原有门洞位置挪至衣帽间旁，以隔绝油烟。

❸ 拆除厨房靠近入户处的墙体，改变门洞位置，并新建墙体，为入户玄关处的柜体作支撑。

❹ 拆除厨房中阳台4处的墙体，所设立的门洞位置与厨房门洞位置齐平，以此扩大采光，同时也可将阳台4就此改为更具设计性的生活阳台。

↑面积较大的客厅可以设置满墙储物柜，但要注意色彩的选配，一般以浅色为主，深色易使空间产生强烈的压抑感

↑餐厅吧台以大理石铺面，极具大气和设计美感，台面上即可放置茶具等日常用品，同时也可以作为餐桌使用

↑儿童房的设计，比较丰富的色彩能够提高小朋友对色彩的敏感度，同时也能增强卧室明朗感

案例 34 重组空间扩大使用面积

拆除阻碍性墙体，开阔空间视野，增强室内流畅性

户型分析

这是一套内部面积为54m²左右的户型，包含有客餐厅、厨房、卫生间各一间，卧室两间，阳台两处。这套户型房型方正，采光充足。设计要求营造更通透、更大气的家居环境。

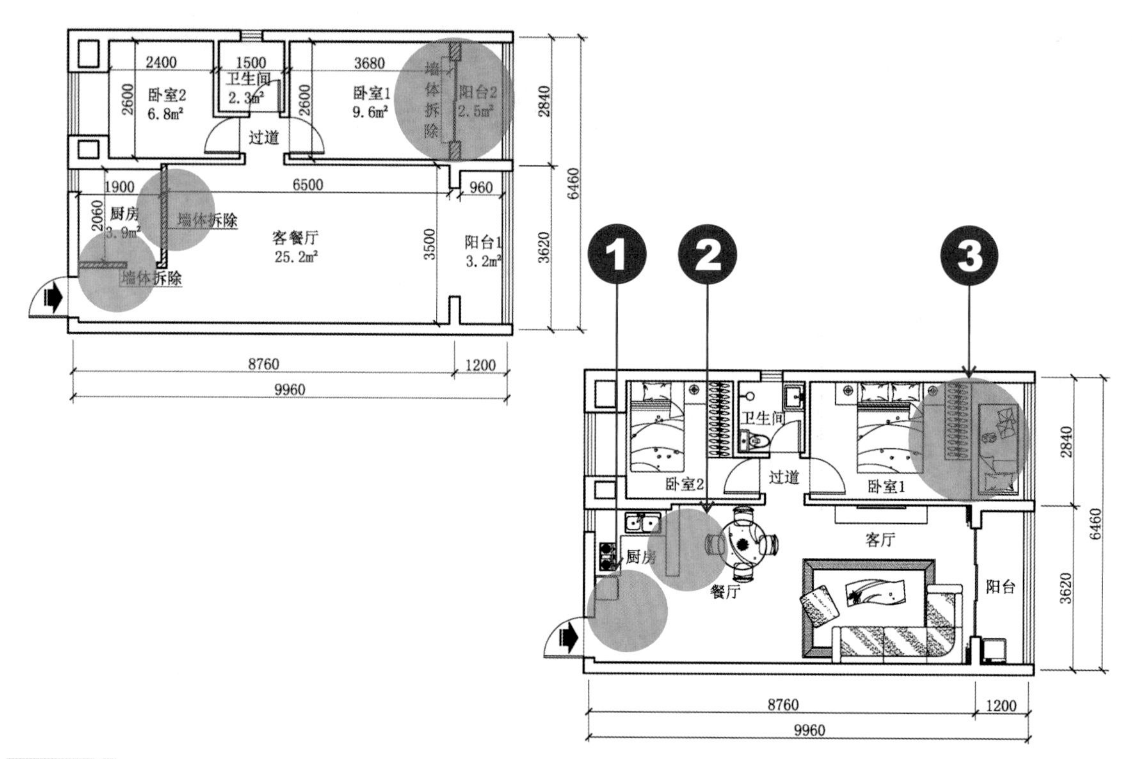

改造设计图

改造方法

❶ 拆除入户处厨房一侧的墙体，在纵向视觉上营造一个流畅的视觉观赏动线，同时也能扩大厨房的采光量。

❷ 拆除厨房靠近餐厅一侧的墙体，将原始的封闭式厨房改为开放式格局，进一步扩大厨房的采光量。在拆除墙体的区域设置吧台，一方面可以增强设计感，另一方面也可以进行存储。

❸ 拆除卧室1原阳台2处的墙体，将原阳台2纳入到卧室1之中，扩大卧室1的使用面积，使其在视觉上更显大气。

↑层高较高的卧室可以设置二级吊顶，搭配烛台形式的艺术吊灯，奢华、低调、大气、美观，同时也能营造室内氛围，以缓解层高过高带来的空洞感

↑小卧室的衣柜可以定制，选用玻璃柜门，增强室内通透感，同时卧室内的飘窗也可以作为休闲空间，丰富卧室的功能性

案例35 建立新的墙体合理布局

依据需要新建墙体，拆除旧的墙体，重新布局

户型分析

这是一套内部面积为48m²左右的户型，包含有客餐厅、厨房、卫生间、卧室各一间，并有一处阳台。这套户型面积虽小，但功能分区齐全，坐北朝南，采光良好。设计要求营造一个经济却又不缺乏时尚感的三口之家。

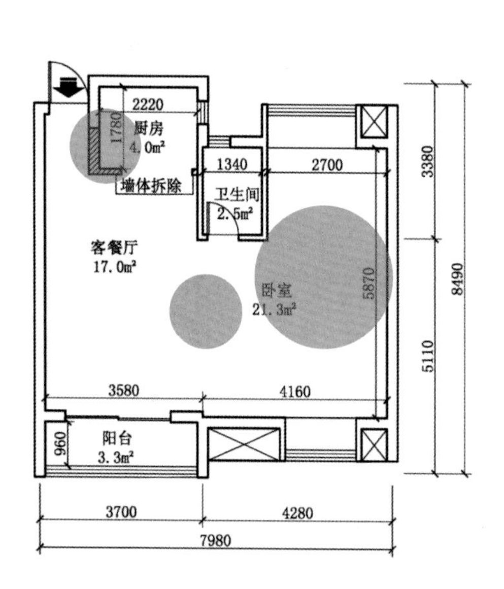

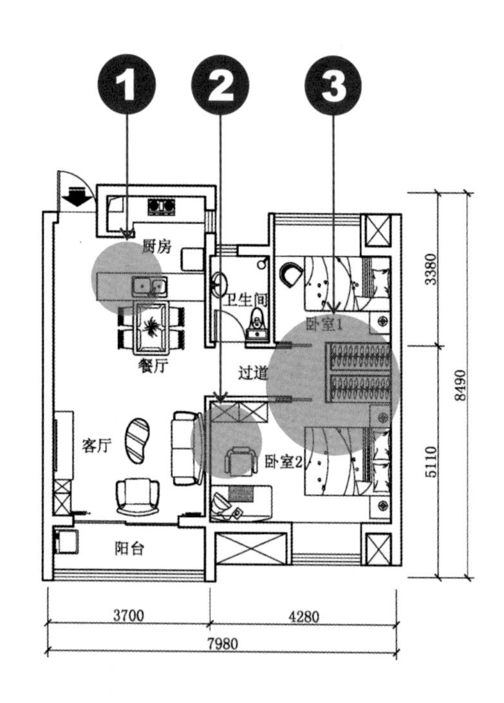

改造前

改造后

改造设计图

改造方法

❶ 拆除入户处厨房一侧的墙体，将厨房变为开放式，使之与客厅、餐厅相通，由此借取阳台的采光，营造更明亮的烹饪空间。

❷ 在原客餐厅与原卧室中间新建纵向的墙体，新建的墙体要与卫生间的纵向墙体处于同一水平线，其厚度为120mm。

❸ 新建墙体，设计出两个卧室，次卧注意要预留出内嵌式推拉移门的空间。在重新规划出的卧室中建立内部长为1400mm的墙体，以此来隔断主卧和次卧。

↑长条形的客餐厅本身就具有比较好的延伸性，所选择的装饰品也要贴合客餐厅的延伸方向，还可以选择大幅的抽象艺术画来增强空间美感

↑卧室除了基本的构造外，灯光也能营造室内氛围，面积较大的卧室可以选择灯光可变、明度适中的光源；面积较小的卧室则适合选择暖色系的光源，并搭配可调光的台灯

案例36 改变开门方式完善格局

改变门洞位置，拆除阻碍的墙体，营造更好的室内氛围

户型分析

这是一套内部面积为53m²左右的户型，包含有客餐厅、厨房、卫生间、衣帽间各一间，卧室两间，并有一处过道。这套户型坐西朝东，客厅采光充足，但厨房没有充足的采光量。设计要求提高厨房明亮度，强化室内干净、舒适的氛围。

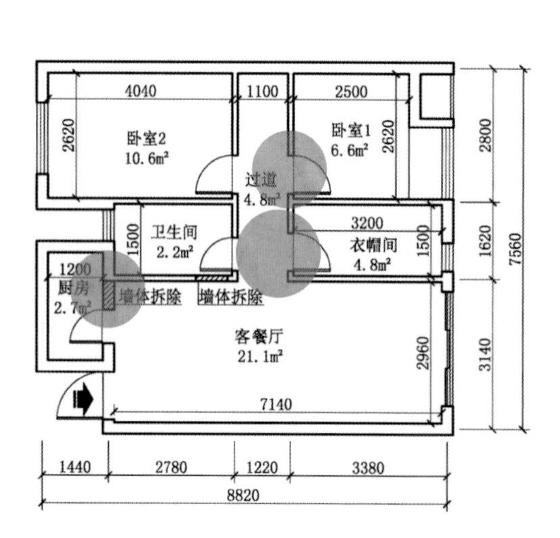

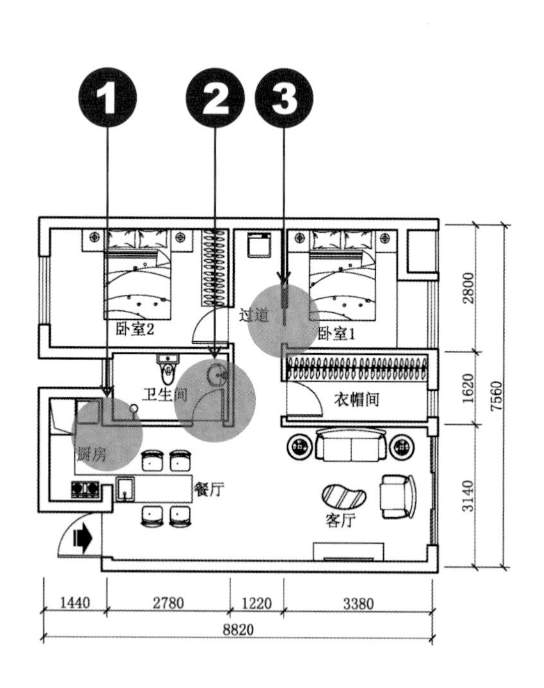

改造前

改造后

改造设计图

改造方法

❶ 拆除厨房靠近餐厅一侧的墙体，并设计延伸出来的橱柜台面，此台面可作为餐桌使用，同时厨房也能很好地借助客厅的采光。

❷ 拆除卫生间靠近餐厅一侧的墙体，改变卫生间门洞的位置。

❸ 将卧室1处的单扇平开门改造为内嵌式的移门，以此为卧室1提供更多的储物空间。

↑客厅顶棚的长条形边角装饰可以增强顶面空间的延展性，同时艺术顶棚也能提高客厅格调，配上落地台灯和嵌入式筒灯，整个空间氛围兼具大气和时尚感

↑餐厅玻璃灯罩既将灯光聚集在一处，同时也将光线通过其玻璃灯罩向四面散射，暖色的灯光搭配上蓝色的餐具，带来浓浓的浪漫气息

案例37 改变功能分区强化功能

合并、拆分功能区，新建、拆除墙体，使住宅更具有价值

户型分析

这是一套内部面积为114m²左右的户型，包含有客厅、餐厅、厨房、书房各一间，卧室两间，卫生间两间，并有一处过道。这套大户型坐北朝南，客厅采光面积较大，但依旧有部分空间采光不足。设计要求补足功能区，建造一个更舒适、更符合生活需求的家居。

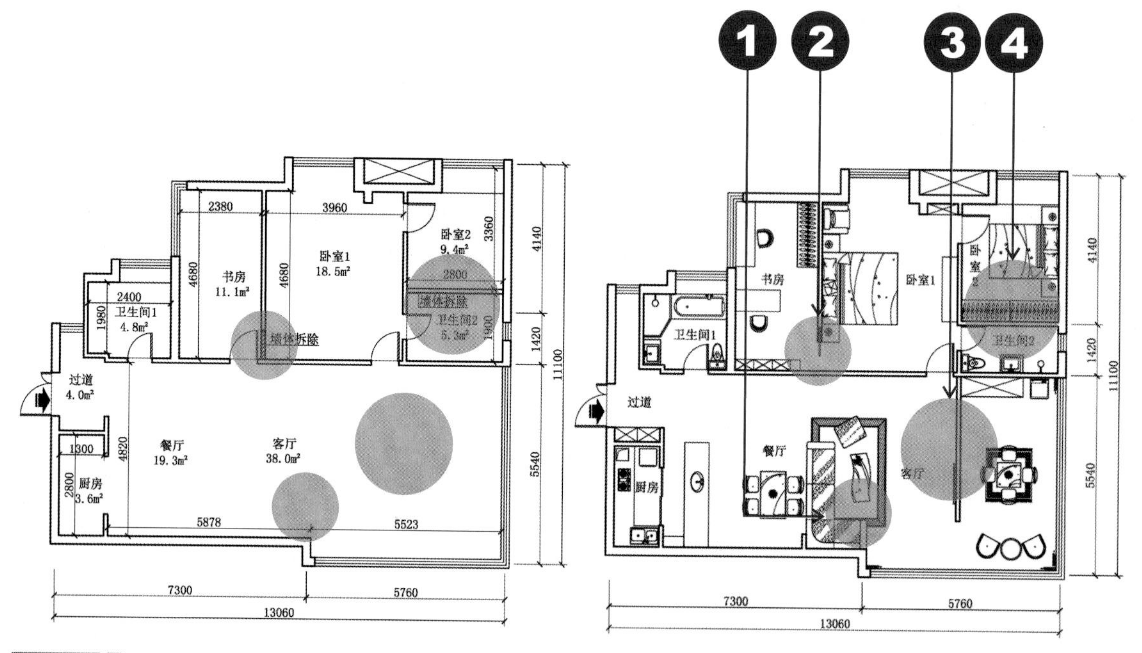

改造设计图

改造方法

❶ 在客厅合适位置新建一段长为400mm、厚度为120mm的墙体，作为沙发的支撑面。

❷ 拆除书房门洞处墙体，将书房与卧室1并入到一个空间范围中，并在书房处设置一扇内嵌式的移门。

❸ 沿着卧室2纵向墙体向客厅处新建一段厚度为120mm的墙体，以此区分休闲阳台与客厅。

❹ 缩小卫生间2面积，将卫生间2纵向长度由原来的1900mm缩减至1300mm，并将缩减出来的空间并入到卧室2中，提高卧室2的储存能力。

↑面积较大的餐厅可以在其厨房旁设置吧台，这样既能提高其存储能力，也能装饰空间，丰富生活情调

↑纵向长度较大的客厅可以放置可供三人以上的沙发，这样既能填补空间空洞感，也不会影响日常行走通道

↑面积不是特别大的书房，如果需要提供休憩的空间，可以选择和书柜一体的多功能收缩床，平常不用时床可以收纳起来，实用又节省空间

↑面积较大的卧室内还可以放置电视，飘窗周边的内凹空间都可充分利用起来，内凹深度在300～400mm之间的可以设置少量的层板，在600mm以上的则可以选择设置储物柜或设置储物架等

案例38 分清主次合理分配面积

依据使用频率的不同，重新划分空间面积

户型分析

这是一套内部面积为76m²左右的户型，这套中户型客厅采光还算充足，但拐角较多。设计要求利用拐角增加更多的储物空间，并提高使用区域的空间利用率。

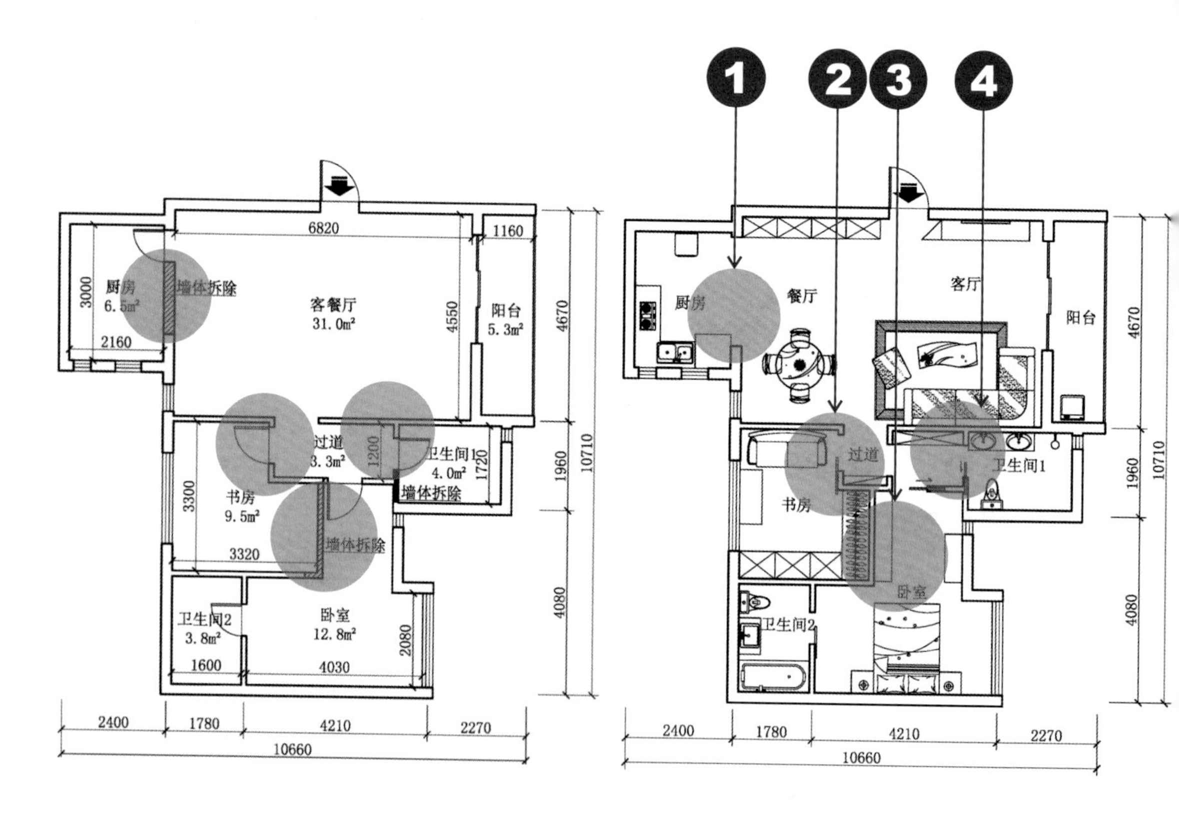

改造前　　改造后

改造设计图

改造方法

❶ 拆除厨房靠近原客餐厅一侧的墙体，扩大厨房的采光量，并安装多扇玻璃移门，便于在厨房内放置更多物品。

❷ 改变书房开门方式，以便放置两人座沙发，在书房外侧内凹处设层板。

❸ 拆除书房靠近卧室一侧的墙体，减小书房内部空间，扩大卧室空间。

❹ 改变卧室和卫生间2的开门方式，扩大其内部空间。

↑均匀分布的内嵌式筒灯为客厅提供了足够的亮度，浅色的沙发和墙面及地面的深色木地板形成强烈的对比，但却并不显得冲突

↑深色的金属灯罩映衬着深色的餐桌和深色的座椅，与墙面以及顶面的白色在视觉上形成冲击，配上墙面的日出图，整个空间氛围既统一又非常具有艺术性

↑书房的深色地板与客厅的地板色调统一，没有多余的装饰，但也不会显得空间单调，白光与暖光相配，营造出浓浓的书香气息

↑卧室纵向长度较长，在拐角处设置白色的储物柜和层板，既充分利用了空间，又不会阻碍正常的行走，两全其美

案例39 打通空间拓展使用功能

拆除墙体，打通相隔的空间，扩大使用面积，提高使用价值

户型分析

这是一套内部面积为72m²左右的户型，这套中户型采光十分充足，但空间内部有少量异型区域。设计要求选择合理的方式充分发挥异型空间以及拐角处的作用，强化家居使用功能。

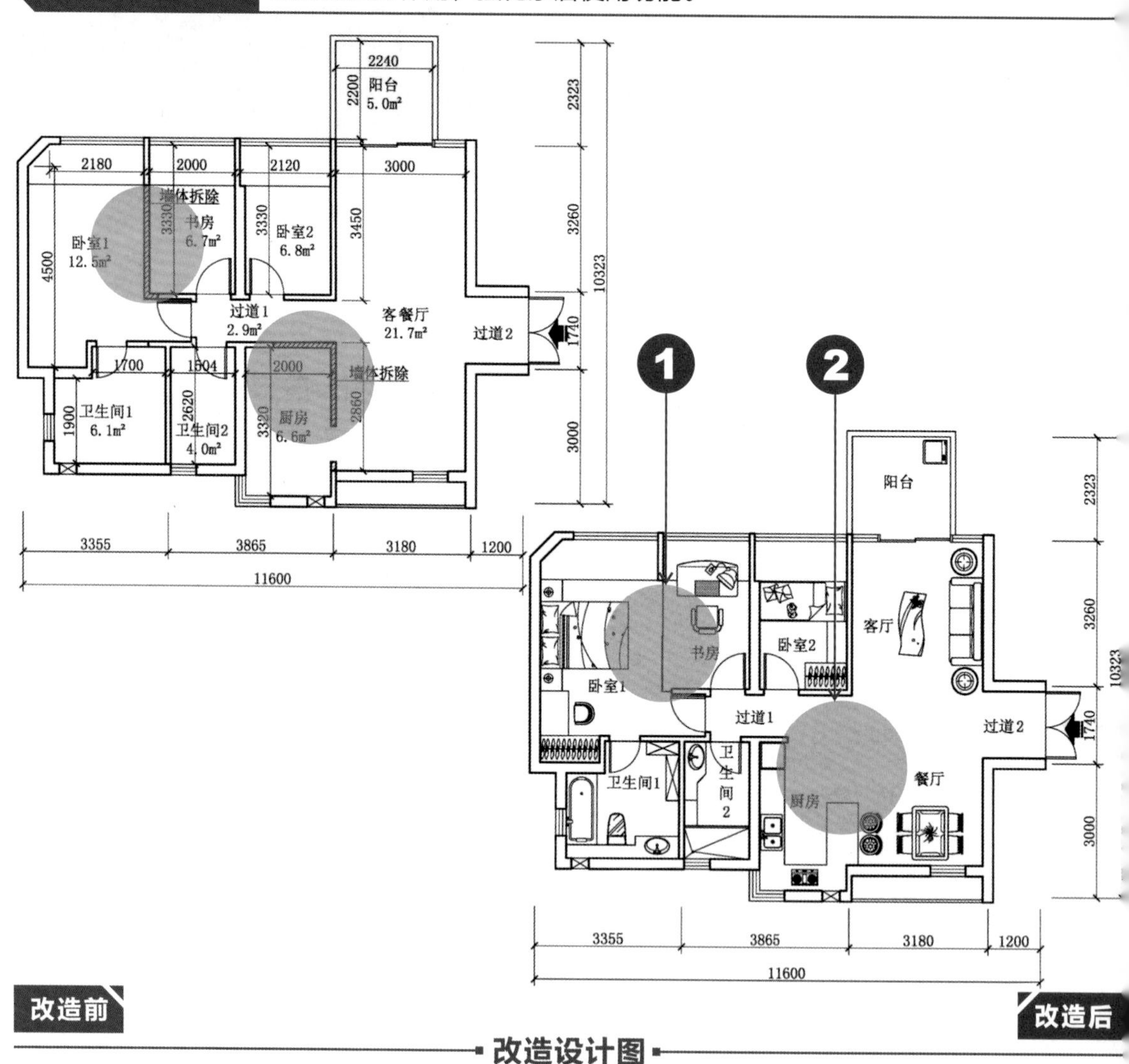

改造设计图

改造方法

❶ 拆除卧室1和书房之间的共用墙体，并为书房安装多扇玻璃推拉门，在卧室1内凹处设置满墙衣柜，有效利用卧室内部空间。

❷ 拆除厨房靠近餐厅一侧的墙体，使之形成半开放式的格局。

↑为了避免大面积白墙带来的单调感，可以选择合适的壁纸和地毯。在家具的选择上也可以更多样化，选择的家具品种也可以更丰富

↑不同材质混合在一起制作而成的家具本身就具有丰富的纹理，在选择时要参考室内整体色调，且要遵循视觉美感的原则

案例40 设置墙体柜成就大住宅

改变空间格局，以柜体代替墙体，凹陷处设柜体，扩大存储空间

户型分析

这是一套内部面积为64m²左右的户型，这套户型卧室面积比较大，但部分区域的内部面积不太理想。设计要求调整空间格局，提高区域实用性。

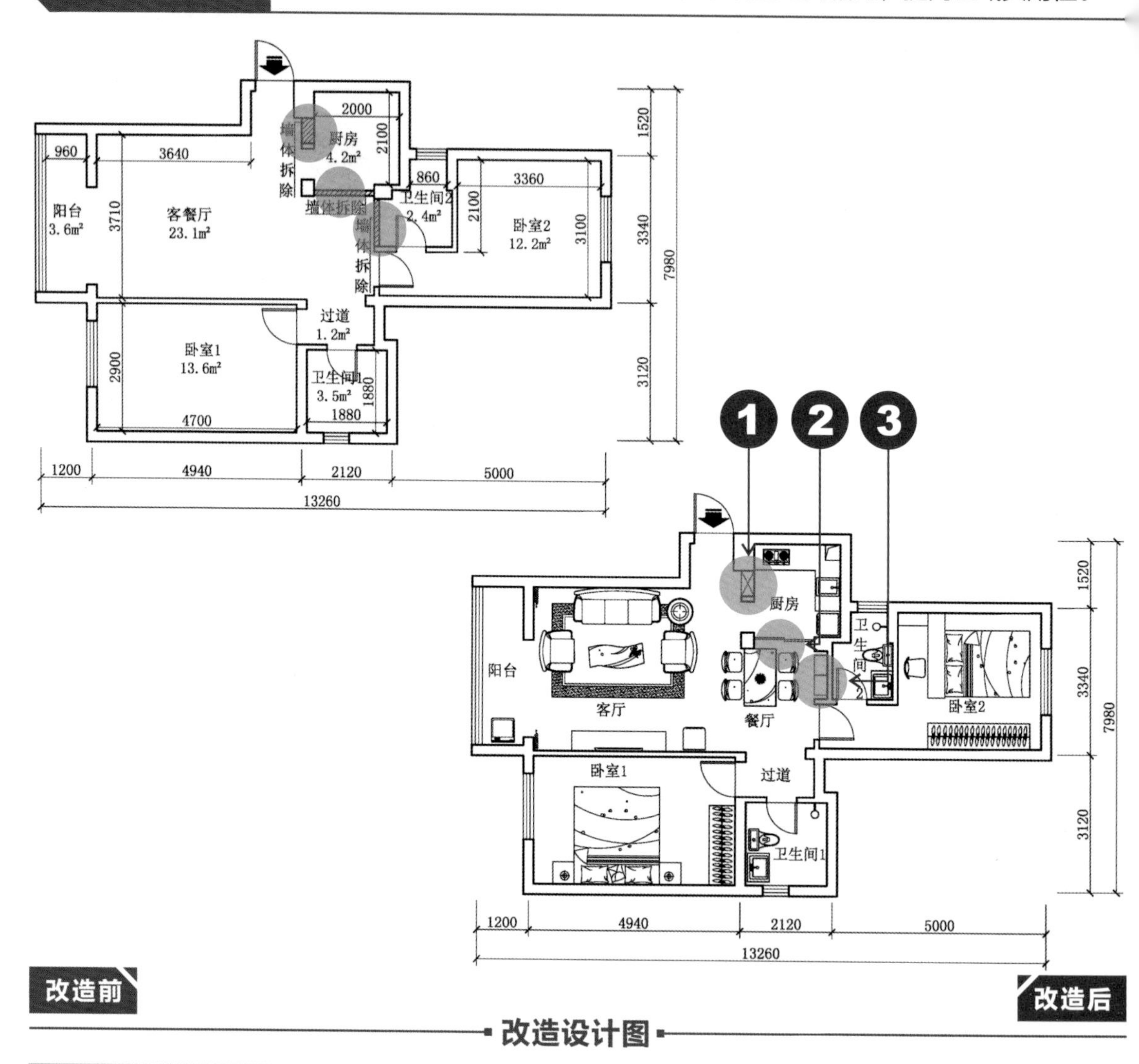

改造设计图

改造方法

❶ 拆除厨房靠近入户处的墙体，以柜体代替墙体，提高空间的存储功能。

❷ 拆除厨房靠近卫生间2处的墙体，将厨房门移至此，并安装玻璃移门。

❸ 拆除卫生间2靠近餐厅一侧的墙体，在此处形成一个内凹空间，并设置满墙的储物柜，以此扩大餐厅的存储面积，整合卫生间内部空间。

→花卉或者绿植都很适合装饰空间，提升空间气质。此外，电视背景墙的横向线条也能拓展空间的纵向深度

→满墙的书柜比较适合空高比较高的区域，这样不会形成压抑感，同时可以调节高度和亮度的工作台灯也非常具有实用性，提高了家居生活的舒适性

↑位于餐厅与客厅之间的空间显得更加自由开阔，可以根据需要来调整家具的摆放

↑卫生间内采用全石材铺装，无缝拼接，彻底解决防水难题。常用的卫浴设备紧凑布置，能将空间利用率提高

案例 41 扩展采光通道改善采光

用窗户代替拆除的墙体，从源头上增加采光量

户型分析

这是一套内部面积为59m²左右的户型，户型坐西朝东，客厅和餐厅面积适中，但厨房过于狭长。设计要求增加采光量，更合理地利用空间。

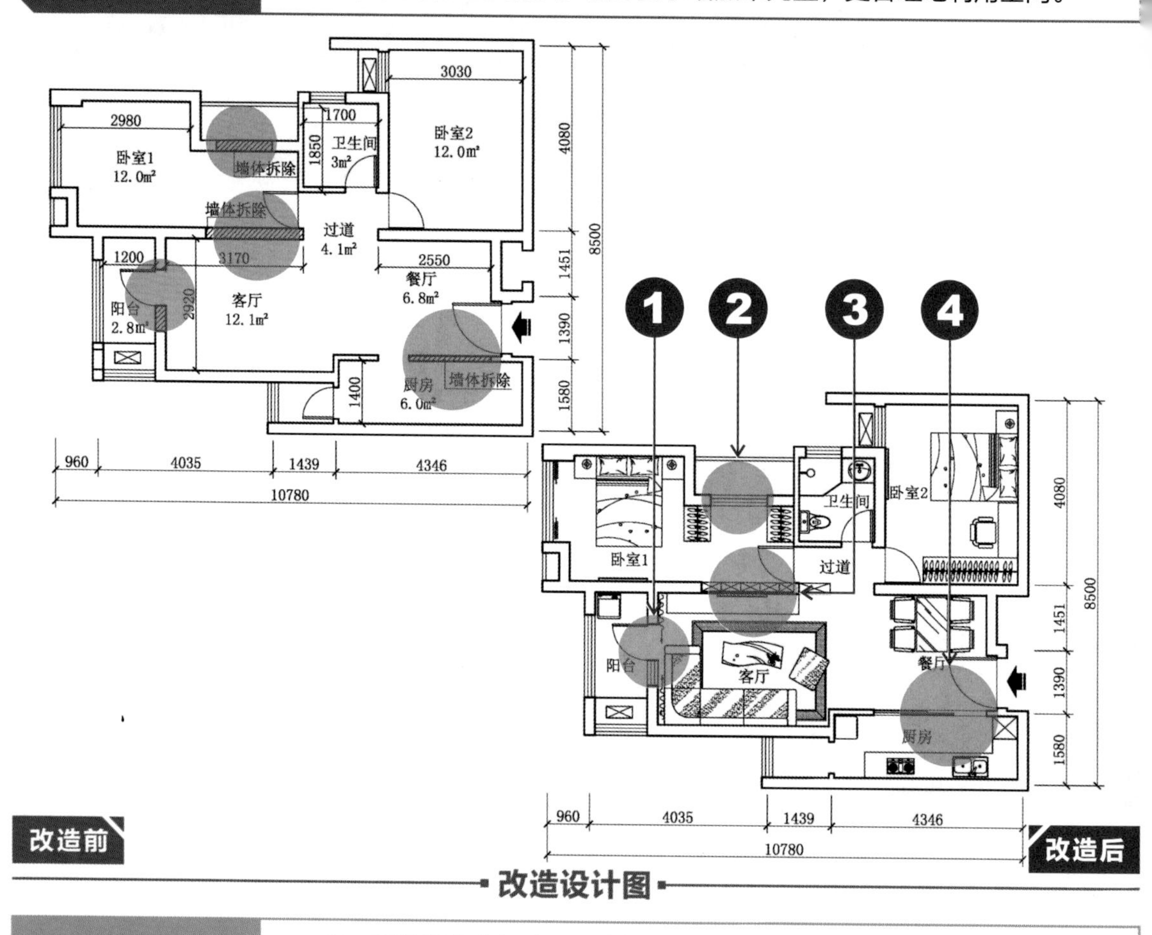

改造设计图

改造方法

❶ 拆除阳台靠近客厅一侧的墙体，并用窗户代替，为客厅获取更多的采光和通风，营造一个更舒适的客厅环境。

❷ 拆除卧室1靠近卫生间处的墙体，并用窗户代替拆除掉的区域，以此增加卧室1的采光量。

❸ 拆除卧室1靠近客厅处的墙体，并设置内嵌式柜体来代替实体墙，增加卧室存储空间，提高空间利用率。

❹ 为了节省空间，改变狭长厨房带来的不适感，拆除掉厨房靠近餐厅一侧的墙体，并安装多扇玻璃移门。

→层高在2800mm以上的客厅可以设计更复杂的吊顶，如圆形的二级吊顶，这类吊顶美观度比较高，且可弱化大面积的垂直线条带来的僵硬感

→中等面积卧室内的布置在追求质感时可以选择玻璃柜门的衣柜，床头墙面还可以设置小型的照片墙，以此来丰富室内环境

→大面积的卧室设置衣帽间会更有格调，在床头柜的选择上也可不必中规中矩，具有艺术造型的床头柜会更适合大卧室的氛围

案例 42 合理拆除按需分隔合并

有序拆除、新建墙体，按照生活需求完善家居

户型分析

这是一套内部面积为89m²左右的户型，客餐厅很开阔，采光充足，但厨房的采光通道仅有800mm宽，照度不均匀。设计要求营造一个更明朗的室内环境。

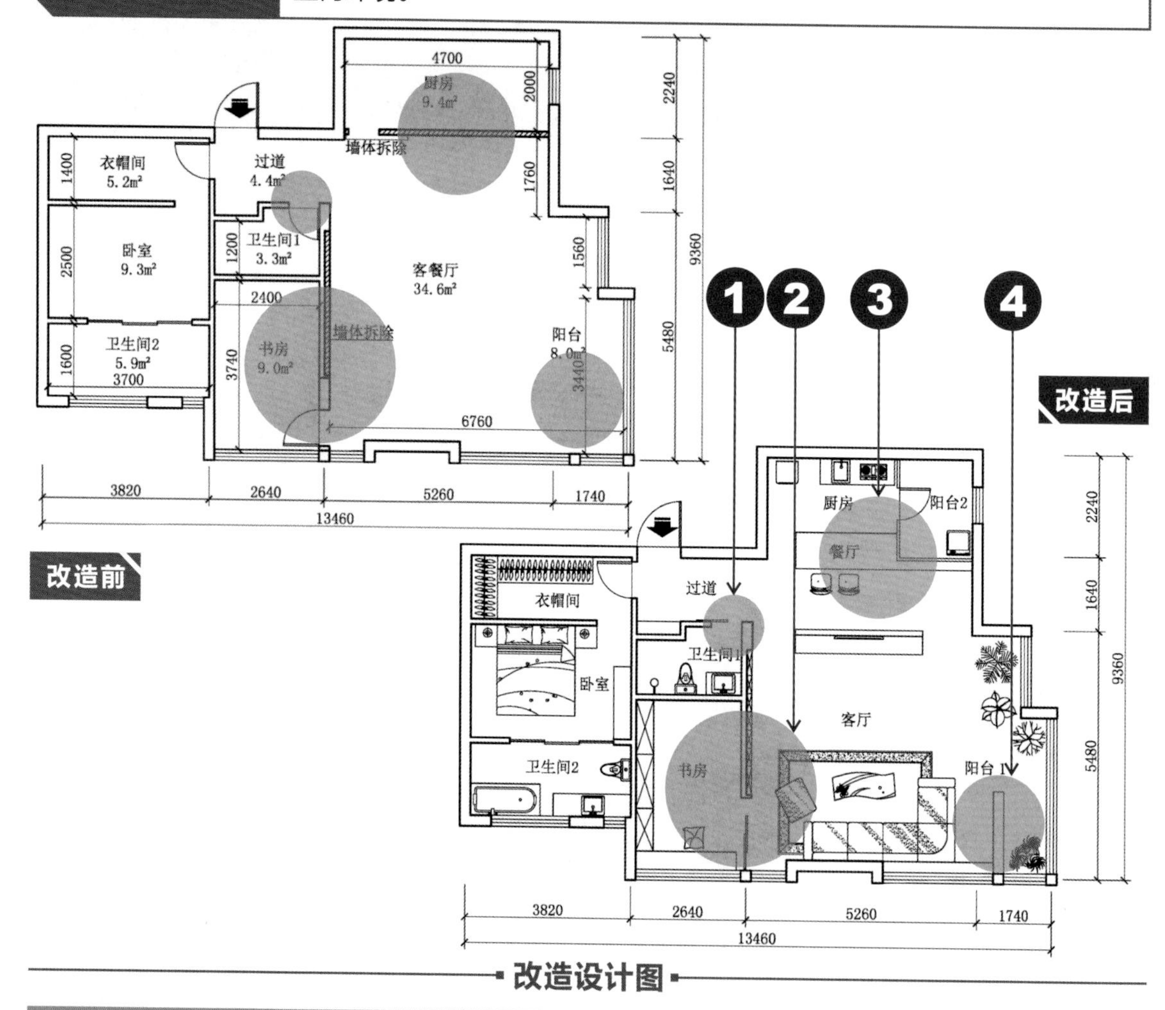

改造设计图

改造方法

❶ 拆除卫生间1靠近过道处的墙体，将原有的单扇平开门换为推拉门。

❷ 拆除书房靠近原客厅餐一侧的墙体，并新建厚度为120mm的墙体，墙体外侧设置满墙储物隔板。改变书房开门，安装更方便的双开玻璃推拉门。

❸ 拆除厨房靠餐厅一侧墙体，并将餐厅纳入到厨房中，设置吧台式餐桌。

❹ 在客厅合适的区域设置一道木质隔墙，隔墙可以以储物柜的形式存在。

→大面积的客厅可以设置多层吊顶，以此丰富空间形式。此外，在不同的区域设置不同的吊顶可以在无形中进行功能分区，这种分区也使得室内环境更立体化

↑有卫生间的卧室会更需要采光和通风，卫生间所带来的水汽会对卧室产生不好的影响，而玻璃隔断具有较好的隔绝水汽的能力和良好的透光能力，适用于这类卧室

→狭长的阳台可以设置生活区和休闲区，休闲区设置摇椅和绿植可以清新空气，同时也能让人放松心情，缓解紧绷的状态，让身心更舒适

↑百叶窗帘透气性较好，比较适用于卫生间，白色的百叶窗帘和卫生间内浅色的瓷砖以及白色的洁具等都非常适合搭配在一起

案例43 依据功能性划分新区域

依据原始结构图敲掉需要拆除的墙体，增加新的功能区

户型分析

这是一套内部面积为91m²左右的户型，这套户型客厅面积大，但卫生间面积狭小，不方便多人使用。设计要求增加洗漱空间，为后期的长久生活做好充足的准备。

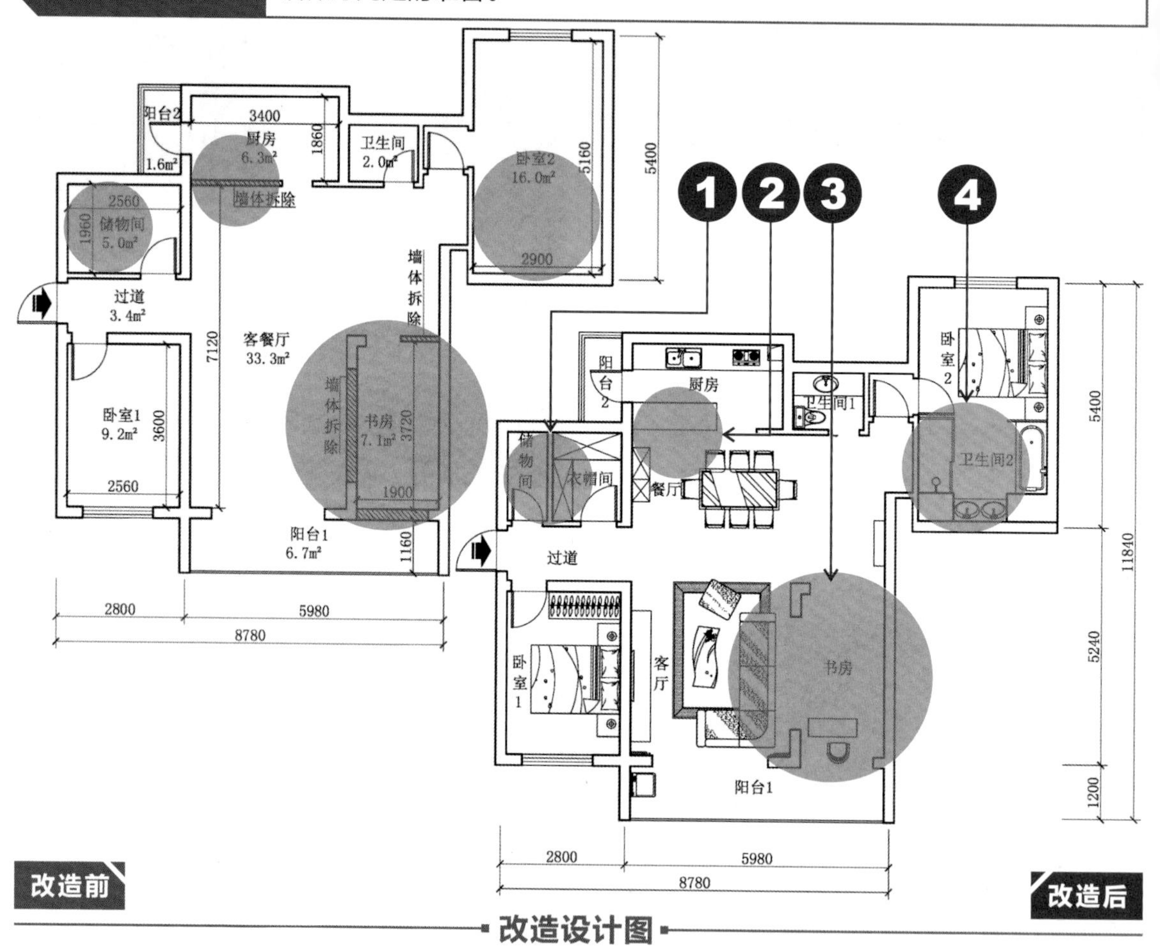

改造设计图

改造方法

❶ 在储物间合适的位置新建厚度为120mm的墙体，将储物间重新分为衣帽间和储物间，以此为住宅提供更多的功能分区。

❷ 拆除厨房靠近餐厅一侧墙体，设置橱柜，为厨房留出行走空间。

❸ 拆除书房靠近客厅一侧的非承重墙，书房内设置简单的书桌，在视觉上使客厅与书房成为一个整体，后期还可依据需要再添加柜体。

❹ 在卧室2中新建墙体，设置干湿分区卫生间，可方便日常使用。

→黑色和白色是百搭，客厅内深色的沙发和白色的墙面，以及浅色的电视柜处于同一空间，自有一番美感

→大部分餐厅都可选择垂挂型吊灯，但吊灯的规格不宜过大，造型也应以简单为主，这样也能增强住宅时尚感

↑卫生间位于卧室内，干湿分区可设置大面积的镜子，这样既能在视觉上拓展空间，同时也利于日常梳妆

↑开放式厨房的照明可以由重点照明和间接照明组成，这种照明模式能够强化空间形象，也很适合厨房的生活需求

案例 44 改变内部构造扩展空间

改变室内原始结构，创造新的分区模式，提高住宅实用性

户型分析

这是一套内部面积为53m²左右的户型，包含有客餐厅、厨房、卫生间各一间，卧室两间，一处过道，一处阳台。这套户型属于比较常见的户型，整体比较规整，厨房比较狭长。设计要求扩大日常活动的区域，平衡采光。

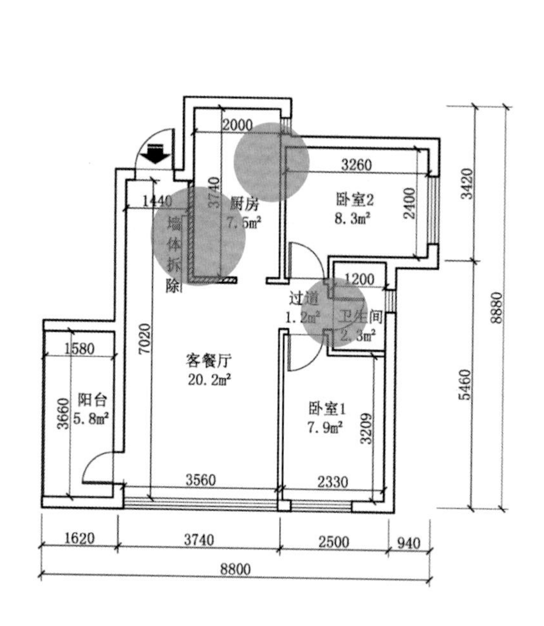

改造前

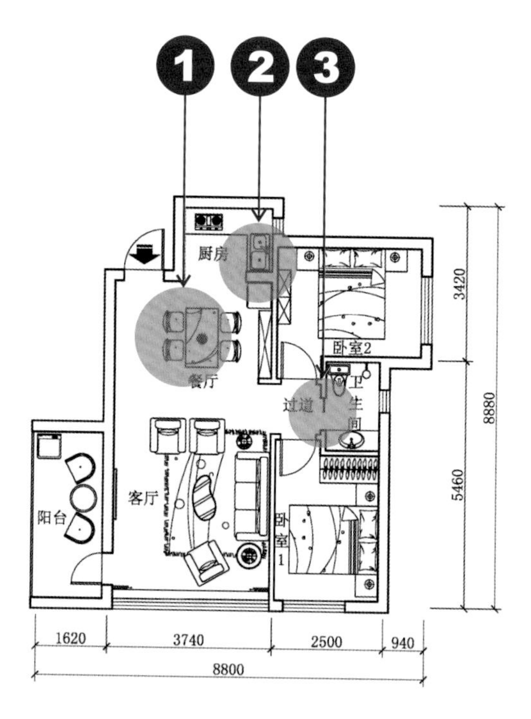

改造后

改造设计图

改造方法

❶ 拆除厨房靠近过道一侧的墙体，使之与原客餐厅相通，为其提供更多的用餐空间，同时也扩大厨房采光。

❷ 在原有的厨房区域内新建长为600mm的墙体，以此将厨房和餐厅进行划分，同时也避免厨房用水时喷溅到餐厅。

❸ 修改卫生间门洞大小，方便洁具布局。

→镂空模式的酒柜既有存储功能，同时也拥有良好的装饰功能，能提高空间的格调，非常适用于空间比较开阔的客餐厅

→流畅的行走空间能提高不少住宅舒适度，另外还可在过道墙面上设置照片墙，既美观，又为空间增添了几分随性的气息

←沙发背景墙和电视背景墙都能起到装饰空间的作用。立体白点组成的沙发背景墙配上长条形的装饰画，增强了空间的艺术氛围

→卧室不需要灯光太亮，也不能太暗，太亮会引发焦虑感，太暗反而会显得空间狭小，一般在卧室内常选用暖光与白光相结合的方式

案例45 改门洞增加住宅实用性

修改门洞位置，充分利用边角空间，充实住宅内部

户型分析

这是一套内部面积为46m²左右的户型，包含有客餐厅、厨房、卫生间各一间，卧室两间，并有一处过道。这套小户型采光量十分不均匀，部分区域比较狭长。设计要求合理布局，提高主空间的使用功能。

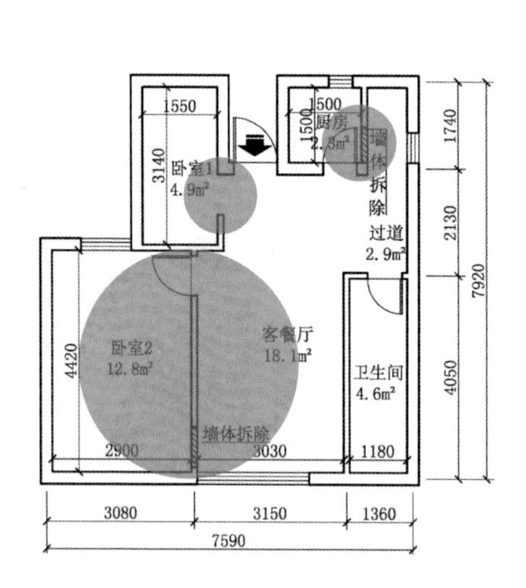

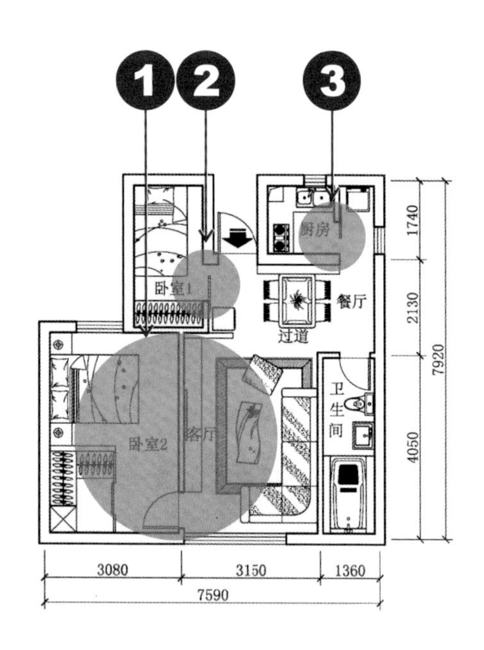

改造前

改造后

改造设计图

改造方法

❶ 拆除卧室2靠近原客餐厅一侧的墙体，并新建墙体，改变卧室开门位置，安装隐形门，统一室内色调和装饰形式。

❷ 改变卧室1的开门方式，安装更具实用性的内嵌式推拉门，扩大衣柜存储面积，提高卧室利用率。

❸ 拆除过道与厨房之间的墙体，改变厨房门洞位置，将单扇平开门修改为推拉门，并改变开门方向，为餐厅获取更多空间，同时也能将过道与厨房在视觉上并为一处，过道内侧可放置洗衣机或其他储物柜。

↑亮色可以提亮空间，配以小面积的深色，在色彩上相互搭配，使室内环境在视觉上更立体

↑暖黄色的灯光和黄色的酒柜形成完美的搭配，餐桌大小也十分合适

案例46 改变分区状态提升格调

改变功能分区的存在状态，有效提升住宅价值

户型分析

这是一套内部面积为58m²左右的户型，这套户型面积不是很大，但也适合三口之家。设计要求营造一个兼具实用和温馨的家居。

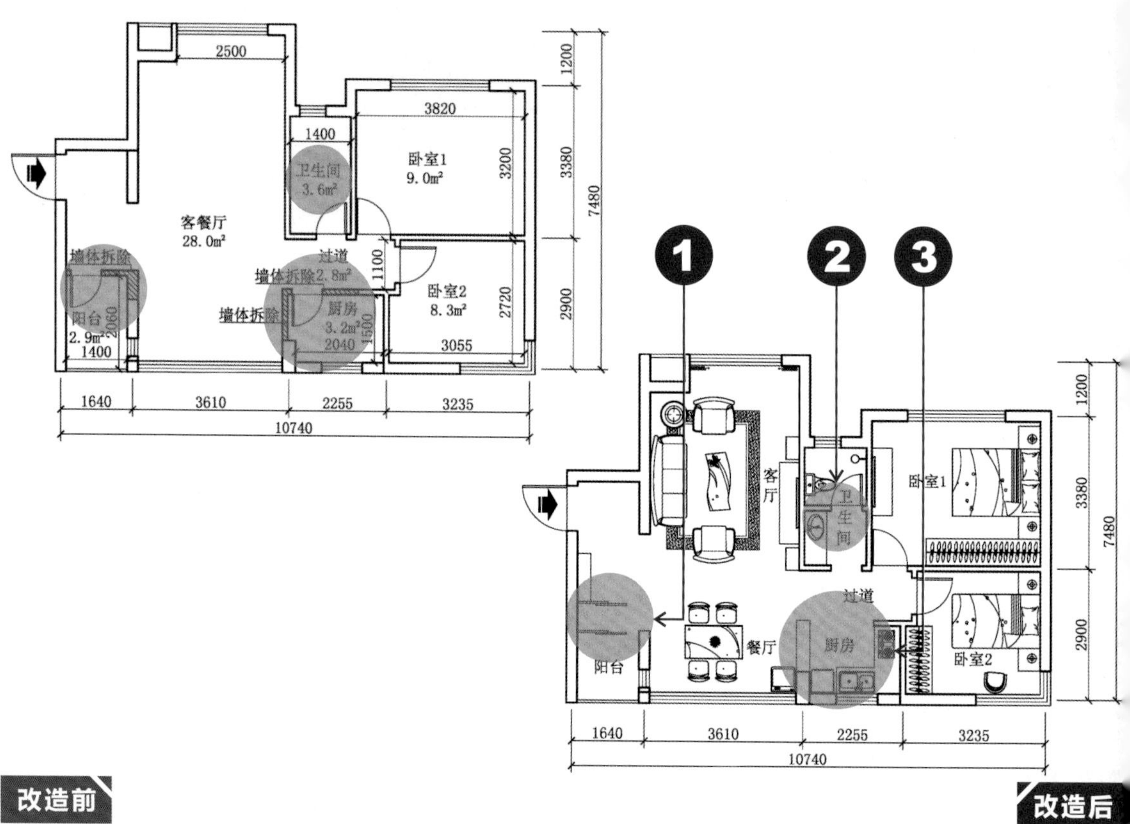

改造设计图

改造方法

❶ 拆除阳台门洞周边的墙体，将其改造为双扇的推拉门，这样更便于在阳台放置家具。

❷ 干湿分区会更方便日常生活。在卫生间新建墙体，砌筑一个长为1200mm的干湿分区，同时改变卫生间门洞位置，新建沐浴区。

❸ 拆除厨房靠近过道一侧的墙体，只留下长度为600mm的支撑墙体，这段墙体可以遮挡部分油烟，同时开放式厨房也能增强室内空间感。拆除厨房靠近原客餐厅一侧的墙体，并在此处设置吧台，吧台下方可设置存储空间，以供后期使用。

↑原木家具能够给人一种轻松和自然的感觉，搭配暖色的灯光，室内的温馨氛围更浓郁

↑花艺吊灯造型美观，和餐桌上的花卉色彩相搭配，餐桌纹理与客厅茶几纹理也彼此呼应

案例47 改墙体增强复式实用性

创造开放空间，有效提高复式格局的空间利用率

户型分析

这是一套一层内部面积为65m²左右，二层面积为56m²左右的户型。这套复式房型比较规整。设计要求细化分区，营造时尚小洋楼。

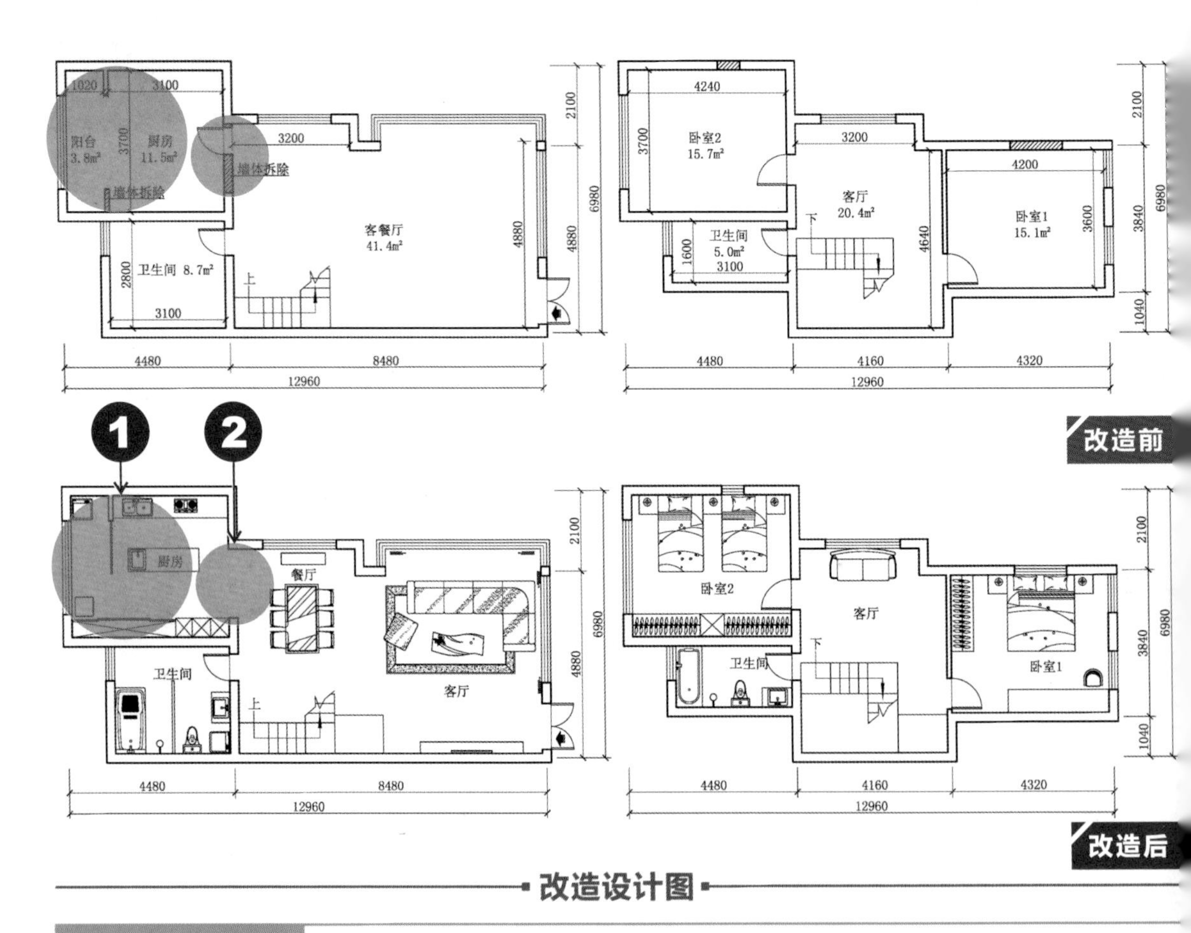

改造设计图

改造方法

❶ 拆除一层厨房与原阳台之间的墙体，在原阳台处安装厚度为40mm的隔断门，阳光可从此处投射到厨房中。

❷ 拆除一层厨房门洞旁墙体，只留下长度为500mm的小隔断墙，在隔断墙一侧可设置满墙橱柜，增加厨房收纳空间。

→造型独特的吊灯永远都是客厅的主角儿，层高较高的复式楼选择富丽堂皇的吊灯也能使得室内更显奢华

→对于采光量不是十分充足的厨房，白色可以提亮室内明度，同时白色在灯光的照射下，也能更突出厨房的洁净感

↑位于复式楼二楼的卧室层高不会太高，自然选择平顶会比较好。如果要追求视觉效果，也可以选择层级较低的二级吊顶

↑对于人口较多的住户，在面积不足的情况下，可以选择小号的单人床，既能安枕，同时也不会使空间过于拥挤

案例48 拆墙体增加采光和通风

拆除墙体，打通相隔的空间，扩大室内采光和通风面积

户型分析

这是一套内部面积为71m^2左右的户型，这套户型属于比较规整的一类，厨房和卫生间的面积都比较适中。设计要求完善室内布局。

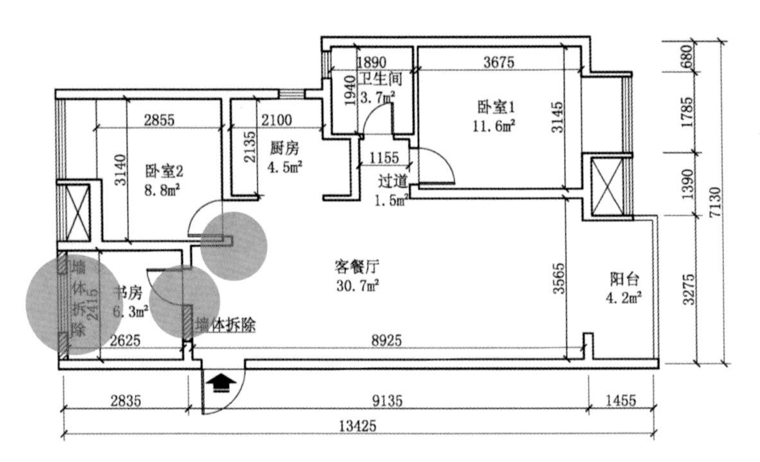

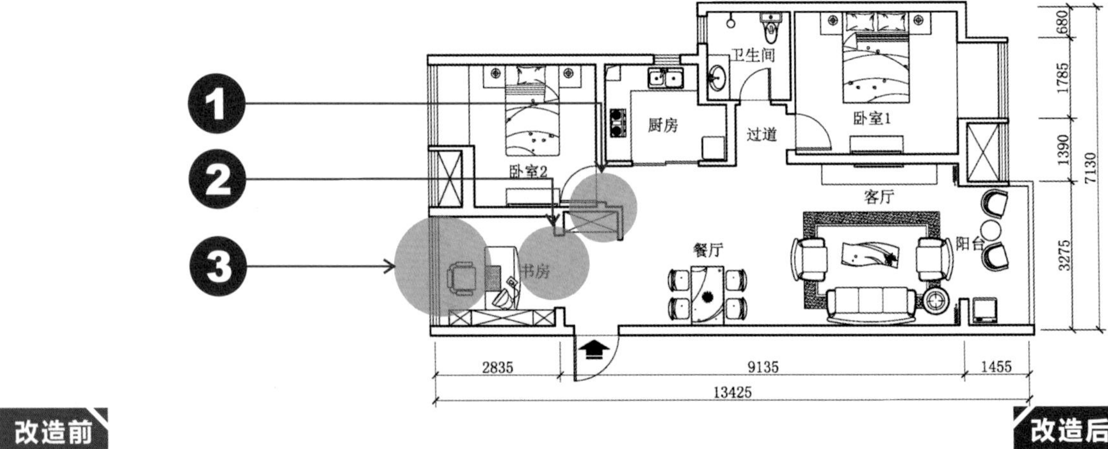

改造前　改造后

改造设计图

改造方法

❶ 在书房外侧墙体处新建一段长为620mm、宽为105mm的墙体，使之与书房形成一个内凹空间，此处可设置储物柜。

❷ 拆除书房靠近原客餐厅的墙体，预留出1600mm宽的门洞，使之与原客餐厅相通，也使得书房的视野更开阔。

❸ 拆除书房窗户两侧的墙体，安装落地玻璃窗，增强书房采光和通风，同时也能为餐厅和客厅提供少许的采光量。

↑纵向延伸的客餐厅可以结合顶面装饰的造型来体现空间的层次感，同时不同规格的灯具所形成的不同的光影也能给予空间更多的美感

↑卧室内要营造一种低调奢华的美感，可以选择中等规格的水晶吊灯，但要注意吊灯不宜安装得过低，以免给人一种压抑的感觉，影响人的精神状态

案例49 改格局提高室内通透性

拆除隔断墙体，为小户型增添更多的使用空间

户型分析

这是一套内部面积为25m²左右的户型，包含有客餐厅、厨房、卫生间、卧室各一间，并有一处过道。这套小户型房型方正，是典型的一室一厅，卧室兼具客厅功能，整体采光量较小。设计要求扩大采光，增强室内流畅感。

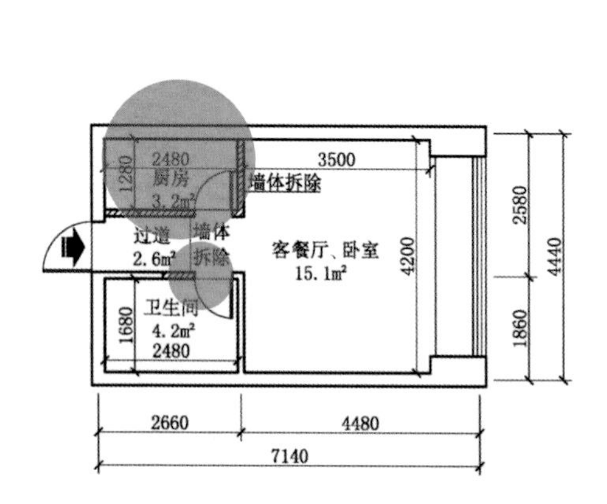

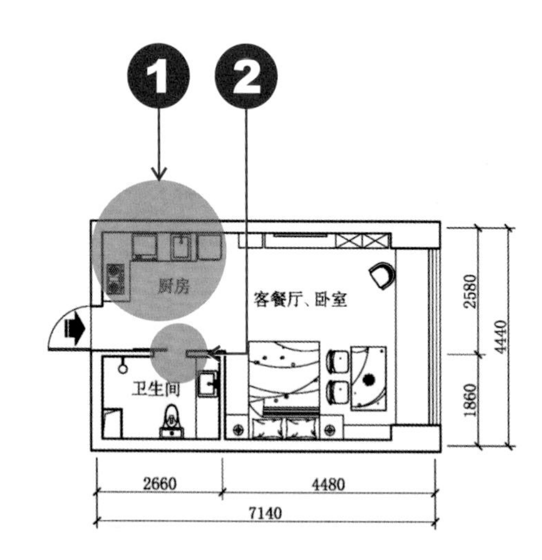

改造前

改造后

改造设计图

改造方法

❶ 拆除厨房靠近原过道处的墙体，拆除门洞，使得客餐厅、卧室处的阳光可以照射到厨房内，增强厨房采光和通风。拆除厨房靠近客餐厅、卧室处的全部墙体，使厨房形成一个完全开放式的格局，扩大客餐厅面积。

❷ 拆除卫生间入口处墙体，将单扇平开门改为长度为700mm的单扇磨砂玻璃推拉门，以此扩大采光。

↑小面积客厅可以在色彩上丰富空间，同时储物柜等的高度不宜过高，否则会产生压抑感，同时也会使空间更显拥挤

↑为了最大限度的利用空间，洗衣机、冰箱等家电可以纳入到厨房台面下。厨房色调以白色为主，以此提亮空间色调

↑小面积的餐厅选择长条形的餐桌会比较实用，窗户旁的飘窗台可作为餐桌椅使用，同时餐桌上的桌布以及装饰花卉等都能为空间增色不少

↑卫生间面积较小，在卫生间包管处可以设置小型的储物架。白色的墙面瓷砖搭配地面彩色的马赛克瓷砖，整个卫生间不再显得单调，丰富的色彩为其增加了更多的灵动性

案例 50 拆墙扩大常用分区面积

拆除常用空间墙体，改变分区面积，提高使用时的便捷性

户型分析

这是一套内部面积为61m²左右的户型，包含有客餐厅、厨房各一间，卧室两间，卫生间两间，并有一处过道，一处阳台。这套户型采光比较均匀，卧室方正。设计要求稍作改动，使生活更便捷。

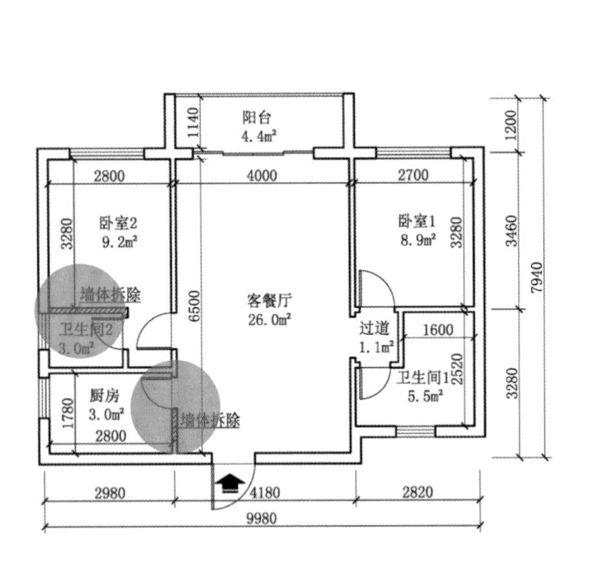

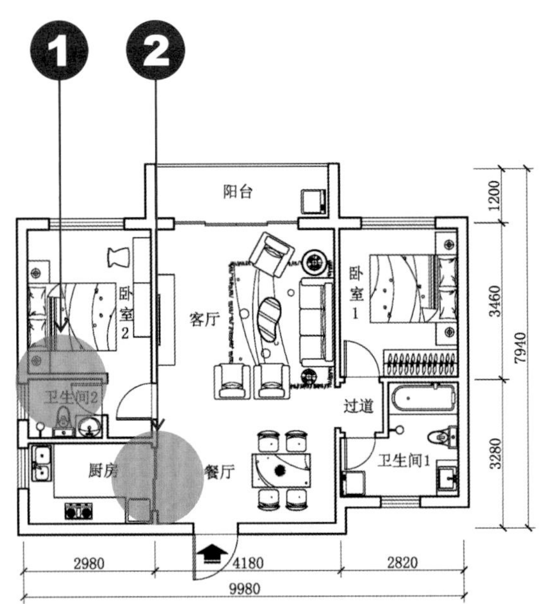

改造前　　改造后

改造设计图

改造方法

❶ 拆除卫生间2靠近卧室2一侧的墙体，将墙体向外挪100mm，以此扩大卫生间2的内部面积，方便日常洗漱。

❷ 拆除厨房靠近原客餐厅处的墙体，仅留下长度为280mm的墙体，并安装通透性更好、更薄的玻璃推拉门，方便日常的烹饪生活。

↑灯具具有很好的装饰效果，客厅的铁艺吊灯搭配沙发旁桌面上的艺术台灯，空间格调瞬时上升，同时明亮的光线也能更方便日常活动

↑餐具除了可以提供基本的使用功能外，也是很好的装饰品，尤其是瓷质餐具，在光线的映衬下，玲珑剔透，流光溢彩，格外好看

案例51 改动某一区域完善空间

改动某一区域门洞或墙体，增强空间使用功能

户型分析

这是一套内部面积为68m^{2}左右的户型，包含有客餐厅、厨房、卫生间各一间，卧室三间，一处过道，一处阳台。这套户型采光充足，但厨房有拐角，使用不太方便。设计要求改善厨房空间，通过适当装饰装点空间。

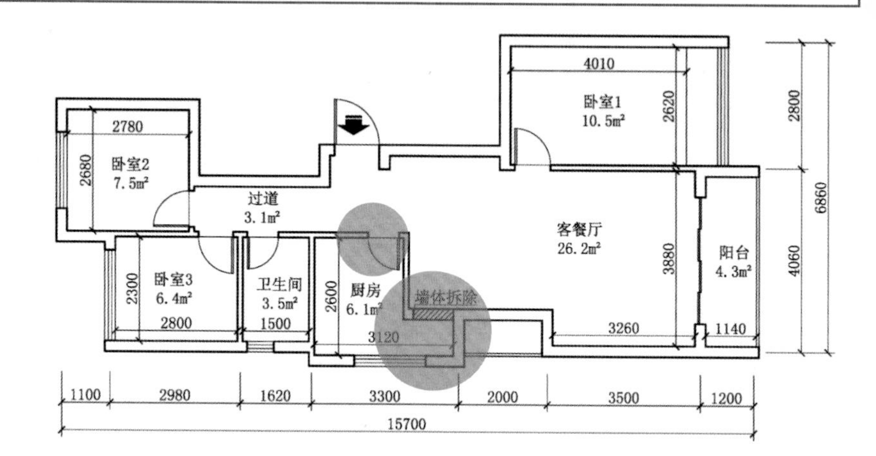

改造前

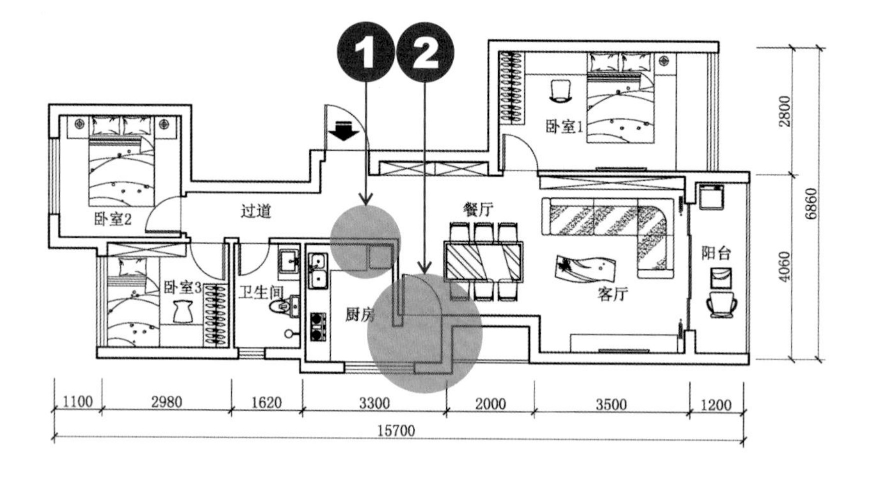

改造后

改造设计图

改造方法

❶ 封闭厨房门洞，使过道形成一个流畅的封闭空间，以此增强空间的使用功能性，使之更方便日常生活。

❷ 拆除厨房靠近原客餐厅处的墙体，在此处开一个宽度为900mm的门洞，并安装单扇平开门。

↑为了避免满墙的储物柜给客厅带来压抑感，可以选择镂空的置物架，既可以存储物品，同时也能很好地装饰空间

←不同色彩的玻璃灯罩，所照射的灯光色彩也有所不同，带有斑驳树影的餐厅背景墙极富艺术感，和灯光搭配，非常有韵味

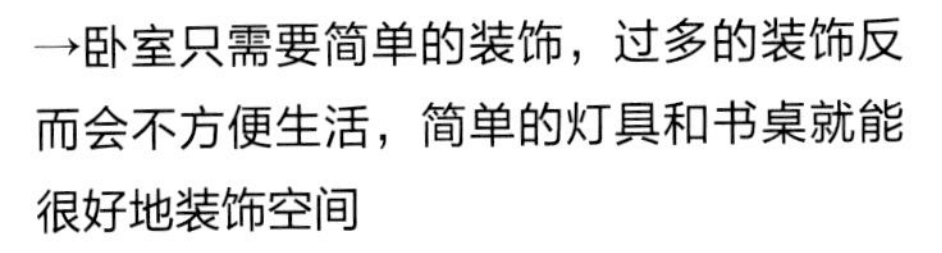

→卧室只需要简单的装饰，过多的装饰反而会不方便生活，简单的灯具和书桌就能很好地装饰空间

案例 52 缩小次空间扩大主空间

分清主次，在保留次空间基本功能的基础上扩大空间内部面积

户型分析

这是一套内部面积为57m²左右的户型，包含有客餐厅、厨房、卫生间各一间，卧室两间，一处过道，两处阳台。这套户型坐西朝东，卫生间和厨房采光面较少。设计要求营造一个更具生活化的便捷空间。

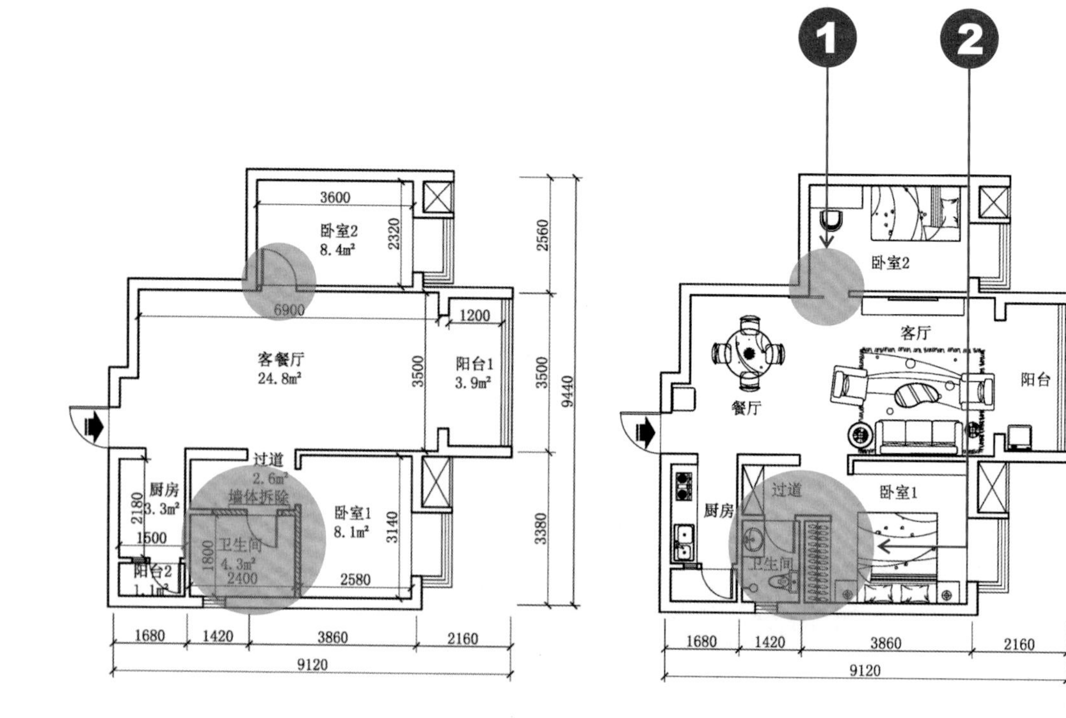

改造前　　改造后

改造设计图

改造方法

❶ 拆除卧室2的门洞，并预留出长度为900mm的门洞，安装长为800mm、厚度为40mm的单扇推拉门，增强卧室功能性。

❷ 拆除卫生间靠近过道一侧的墙体，缩减卫生间的面积，宽度由原来的2400mm改为1300mm，将缩减下来的空间并入卧室1中，设立衣帽间。

↑客厅的所有配饰只要搭配合理，不仅可以起到美化空间的作用，同时也能提升空间品质，丰富空间的层次感

↑卧室衣帽间选择开放式，一来可以防止大量衣物堆积在衣帽间中，产生气味；另一方面也能显得卧室更大气

↑金属色的壁纸可以反射灯光，且便于日常清洁。餐厅的磨砂灯罩具有一定的装饰作用，搭配客厅的盆栽，自然感很浓郁

↑小面积的厨房要在主要使用的区域额外再设置筒灯，亮度要达到要求，以免在切菜过程中因为灯光昏暗或灯光造成的阴影而发生切伤事故

案例53 保留基本功能减少分区

依据使用人口，确定基本分区，保证日常使用的便捷性

户型分析

这是一套内部面积为89m²左右的户型，包含有客餐厅、厨房各一间，卧室三间，卫生间两间，并有一处过道和两处阳台。这套户型坐北朝南，采光充足，但客餐厅面积较小。设计要求改变分区，营造更大气的室内环境。

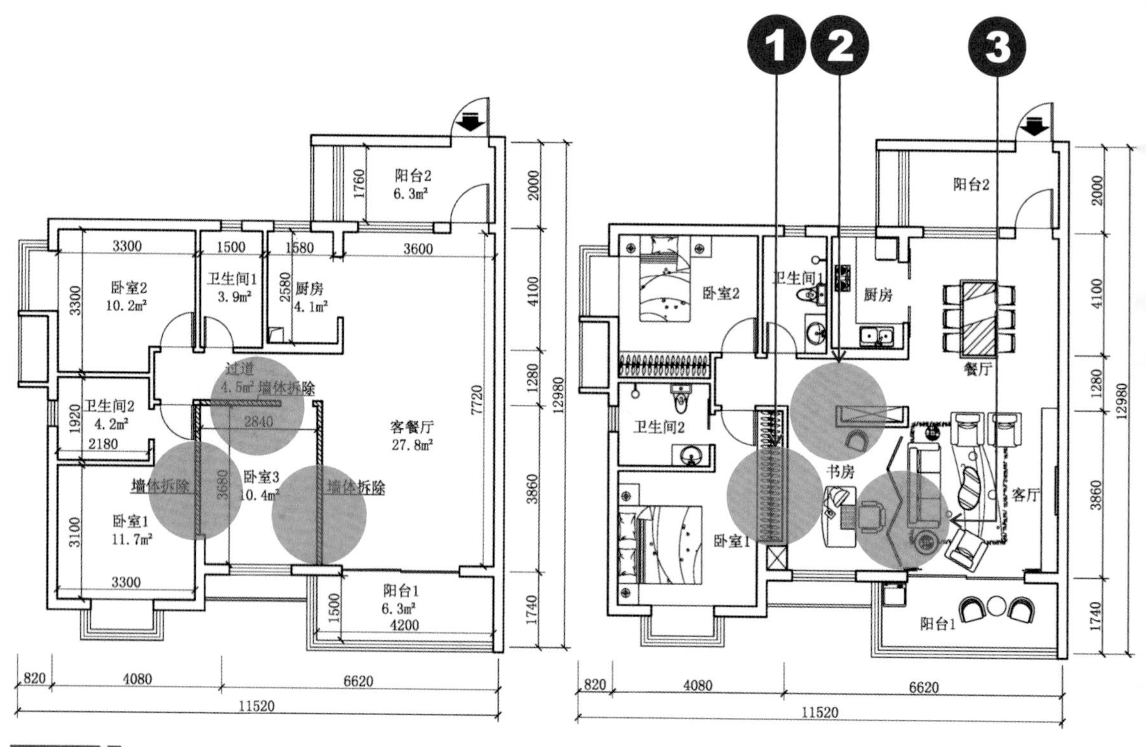

改造设计图

改造方法

❶ 拆除卧室1靠近原卧室3一侧的墙体，并向外移600mm的距离，在卧室1处形成一个内凹空间，此处可以设置衣柜。卧室1的空间能得到一定程度的延伸，同时也能更便于日常的生活。

❷ 在过道和原卧室3之间新建一个内凹空间，深度为1460mm，在内凹空间处可以放置储物柜。

❸ 拆除原卧室3周边墙体，使之与原客餐厅相通，将原卧室3改为书房，在此处设立折叠屏风门，以区分客厅与书房。

→棉麻材质的沙发会更具有质感，且手感也比较好，色彩比较素雅的抱枕搭配深色边框的折叠门，两者相得益彰，为室内环境增色不少

→玻璃屏风折叠门具有很好的透光性，门上不同的纹理也具有比较强的装饰感，同时餐厅背景墙挂有简单的石头画，与纹理丰富的硅藻泥壁纸相配，令人赏心悦目

↑玻璃灯罩具有透光性，同时也比较好清洁，玻璃灯罩与玻璃折叠门在材料上也能形成呼应，增加空间整体感

↑卧室要具备基本的使用功能，因而衣柜是必不可少的单品。在保证基本行走空间的前提下，要在卧室内设置足够的储物空间，可以通过调整墙体结构来解决

案例 54 改造内部结构完善家居

改造内部墙体结构，完善空间格局，提高整体空间利用率

户型分析

这是一套内部面积为98m²左右的户型，包含有客餐厅、厨房各一间，卧室三间，两间卫生间，一处过道，两处阳台和一处户外花园。这套户型不同于以往的房型，花园的存在为这套户型增添了更多浪漫感，但空间内部分区域格局不明朗。设计要求通过对基础结构的改造营造一个更实用的浪漫家居。

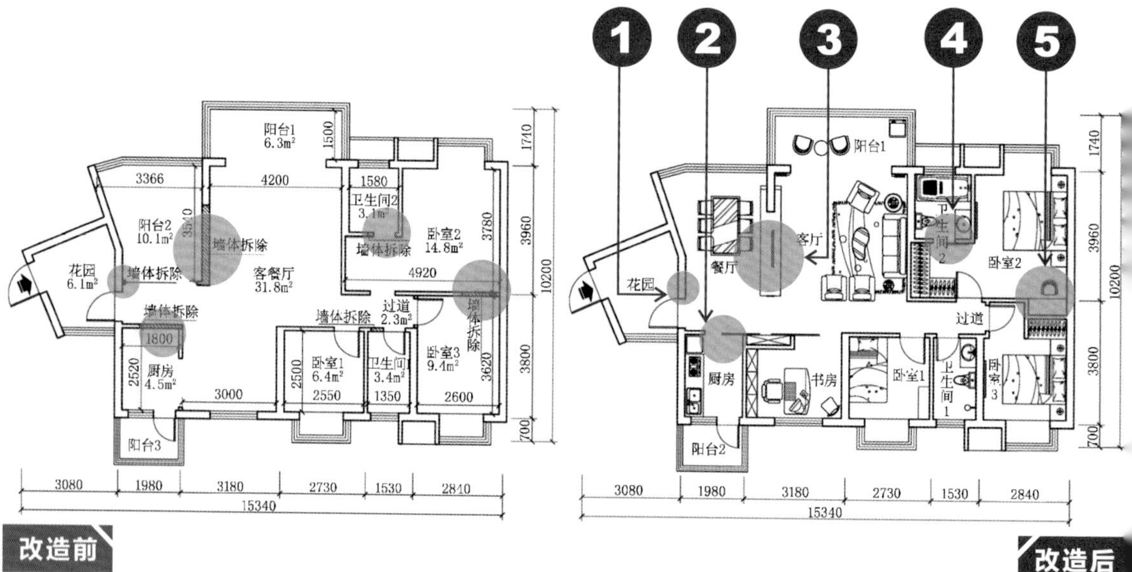

改造设计图

改造方法

❶ 拆除原阳台2门洞处凸出的墙体，改原阳台2为餐厅，使之有一个流畅的行走通道。

❷ 拆除厨房靠近入户花园处的墙体，改变厨房开门的方向，使之朝向餐厅，并安装宽为1200mm的移门。

❸ 拆除原阳台2靠近原客餐厅一侧的墙体，仅留下长为1200mm、厚为240mm的承重墙，并在此处设置双面电视背景墙。

❹ 拆除卫生间2处门洞一侧墙体，并开凿出长度为700mm的新门洞，在此处安装长为700mm、厚度为40mm的单扇移门。

❺ 拆除卧室3靠近卧室2一侧的墙体，并新建墙体，使两个卧室均具有一个长为1200mm的内凹空间，此处可放置书桌或衣柜。

↑无论是地毯，还是墙面壁纸，所选择的材质和色彩都必须相互搭配，不可有太大的冲突，否则容易使室内产生一种很凌乱的感觉

↑层板虽然能够放置的物品较少，但可以缓解整个空间给人带来的肃穆感，它所占用的空间也比较小，适合家居使用

↑餐厅背景墙可以选择镜面玻璃，这对于小面积的餐厅来说有很大的帮助。在视觉上，镜面背景墙能突显出餐厅的优点，弱化餐厅的结构缺点

案例55 变换墙体增加存储空间

拆除墙体，新建内凹空间，增加室内存储量

户型分析

这是一套内部面积为80m²左右的户型，这套户型坐北朝南，卧室内均有飘窗，采光和通风都较好，但部分区域结构拐角较多，影响生活。设计要求规整内部结构，为室内增添更多存储空间，营造更流畅的家居空间。

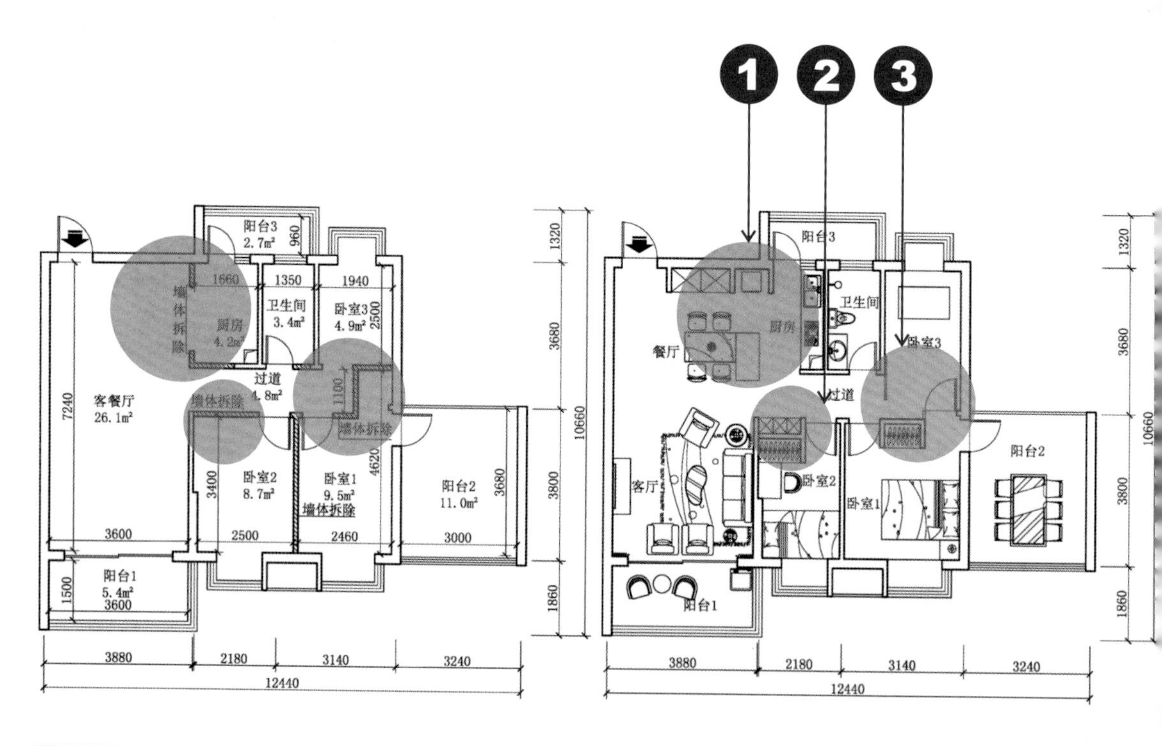

改造设计图

改造方法

❶ 拆除厨房靠近原客餐厅一侧的墙体，并在入户处新建两段墙体，与厨房门洞处的承重墙平齐，形成内凹空间，在此处放置冰箱和储物柜。

❷ 拆除卧室2靠近过道一侧的墙体，新建一段长度为1100mm的T字形墙体，使之在卧室2处形成两个内凹空间，在此处放置衣柜和储物柜。

❸ 拆除卧室3处的Z字形墙体，使卧室1门洞处的墙体与卧室2处门洞墙体处于同一水平线，同时在卧室1处再开设一处门洞，使卧室1与卧室3相通。

↑客餐厅一览无余，对于这样的空间结构，不适合选择色彩艳丽，纹理结构复杂的装饰和家具，反而是色彩素雅、纯正，简单的家具更适合，更能使空间显得大气

↑儿童房的色彩以亮丽为主，灯光选择了比较不容易产生炫光的暖色光，与米黄色的壁纸也能形成完美搭配

↑客厅设置了镂空的酒柜，这样既可以作为存储空间，又可以用来作装饰。此外，还可作为隔断存在，色彩与顶面装饰色彩一致，比较协调

↑小面积的卫生间可以选择在墙面增加存储空间。如可以在墙面设置毛巾架，或设置少量的层板来放置常用的洗漱用品等

案例56 拆除隔断墙体开放格局

拆除不必要的隔断墙体，设立开放空间，开阔视野

户型分析

这是一套内部面积为66m²左右的户型，这套户型客餐厅比较狭长，但卧室内部空间比较充足。设计要求营造一个明亮、流畅的室内环境。

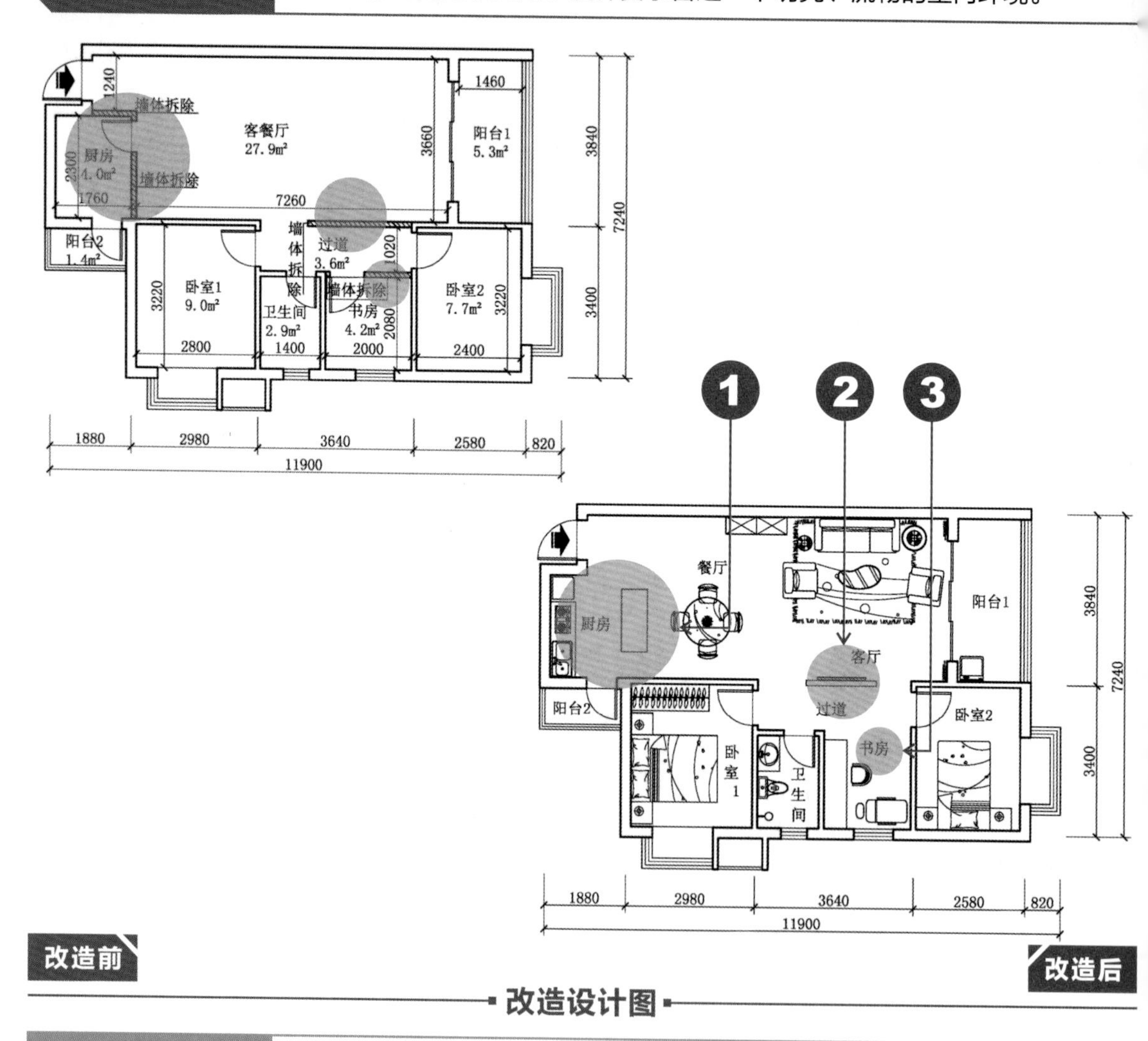

改造设计图

改造方法

❶ 拆除厨房两侧厚度为120mm的墙体，营造开放式格局，使入目处尽显通透感，这样也能增强厨房采光。

❷ 拆除原客餐厅与过道处的墙体，在此处设立电视背景墙，同时电视背景墙可以作为客厅与过道之间的隔断，在电视背景墙两侧要预留出行走通道。

❸ 拆除书房靠近过道处的墙体，将封闭模式改为开放格局。

↑白色与深色搭配，自有一番美感，同时橙色的棉质沙发可以点缀空间，墙面的装饰贴面也能有效地丰富室内空间层次感

↑层高在2200～2500mm范围内的空间，可以设计层级较浅的吊顶，储物柜一般可到顶。此外，大面积的白色也能使空间显得更大，但要搭配少量的亮色来缓和大面积白色带来的不适感

案例 57 改变门洞扩大存储空间

拆除门洞周边墙体，在合适的位置新建门洞，以此扩大存储量

户型分析

这是一套内部面积为56m²左右的户型，包含有客厅、餐厅、厨房、卫生间各一间，卧室两间。这套户型卧室和客厅、餐厅面积都比较合适，但厨房比较狭长。设计要求营造一个更便捷的家居环境。

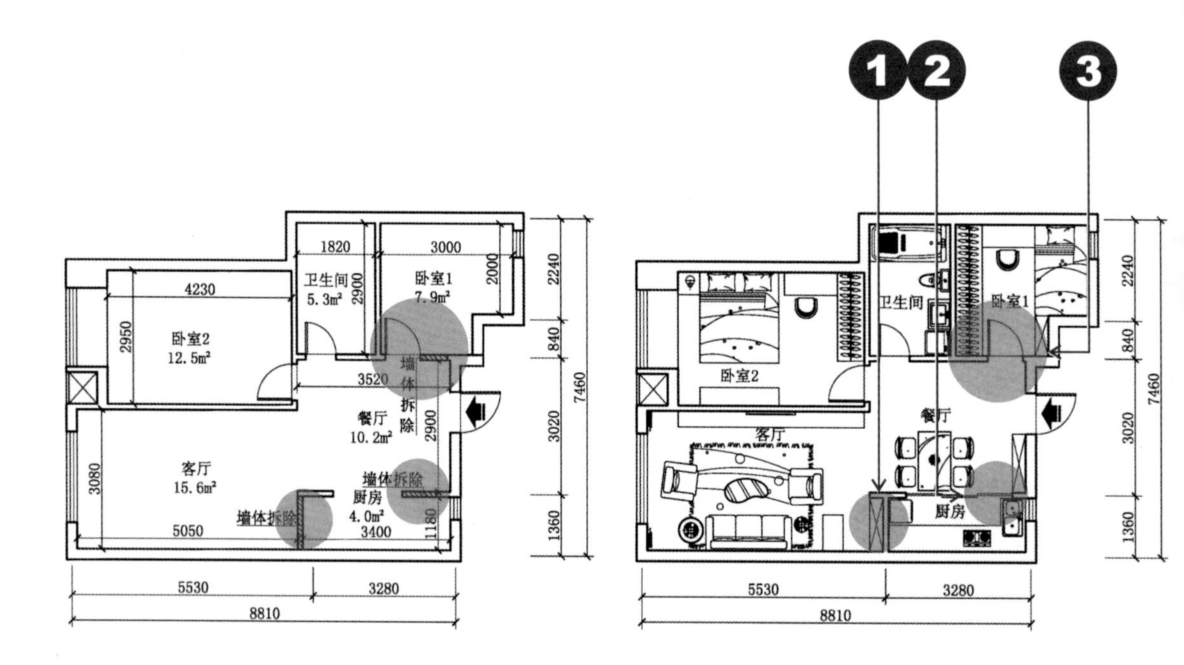

改造设计图

改造方法

❶ 拆除厨房靠近客厅一侧的墙体，新建一段倒L形墙体，其长边长度为1180mm，使厨房长度由原来的3400mm变为3100mm，厨房缩减出来的部分可设置储物柜。

❷ 拆除厨房靠近入户处的墙体，仅留下宽为2400mm的门洞，并在此处安装三扇玻璃推拉门。

❸ 拆除卧室1靠近入户处的墙体，在靠近入户处新设门洞，封闭原有的门洞，封闭后的区域可以设置满墙衣柜，以此扩大卧室内的存储空间。

↑绿色可以带来浓郁的清新感，同时也能有效地缓解视觉疲劳，这对于长条形的客厅而言十分适用，绿色与其他色彩相配，也能形成互补

→地毯可以延伸地面的纵向长度，同时也能起到装饰空间的作用。在卧室内铺设柔软的地毯，也能获得由舒适的脚感带来的温馨

←小面积的卧室可以选择榻榻米，榻榻米既具有很好的装饰性，同时也能提供良好的休憩功能和储物功能

案例58 合理改造完善内部结构

合理改变开门方式或开门方向，使空间使用功能得到更大提高

户型分析

这是一套内部面积为66m²左右的户型，包含有客餐厅、厨房、卫生间、书房各一间，卧室两间，并有两处过道。这套户型南北通透，采光良好。设计要求创造一个更具创意性的美好家居。

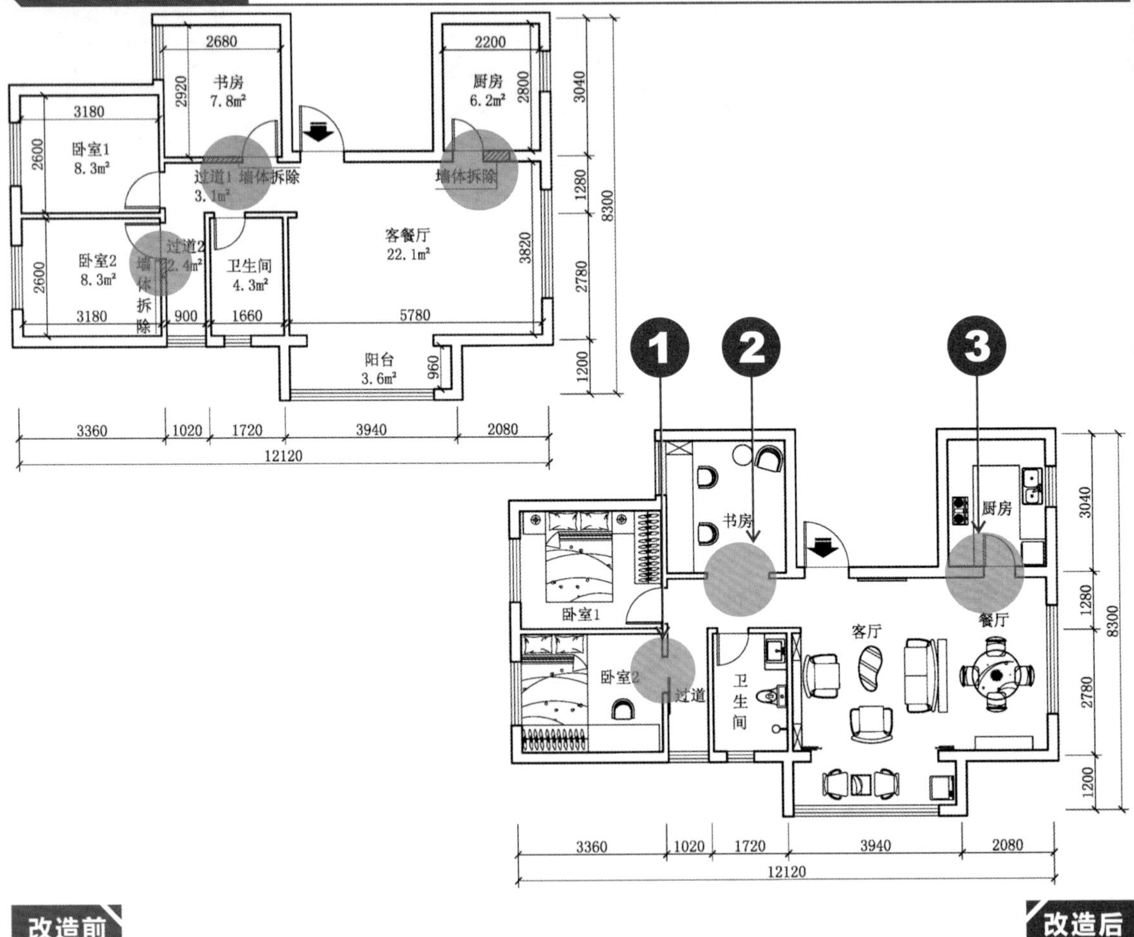

改造设计图

改造方法

❶ 拆除卧室2靠近原过道2处的门洞，并重新开凿门洞，安装磨砂玻璃移门。

❷ 拆除书房靠近原过道1处的墙体，左侧留下长度为900mm的墙体，右侧留下长度为380mm的墙体，此处不设置封闭门。

❸ 拆除厨房靠近原客餐厅处的墙体，改变厨房门洞的位置，留下更多空间。

↑为了营造一个更具创意性的家居环境，可以选择球状平顶的茶几，符合人体工程学的座椅也能为室内增添不少的独特性

↑为了维持书房的开阔感，可以在书桌侧面设置小型的储物柜，并在储物柜内设置灯光，以保持基本的照明。为了避免大量的灰色墙面带来的单调感，可以选择色彩比较亮丽的地毯来进行装饰

案例59 拆除墙体改变内部结构

拆除部分区域墙体，有序合并分区，增强空间实用性

户型分析

这是一套内部面积为71m²左右的户型，这套户型的卧室和客餐厅面积都十分符合要求，只是书房采光过于昏暗。设计要求改善书房环境，美化整体家居。

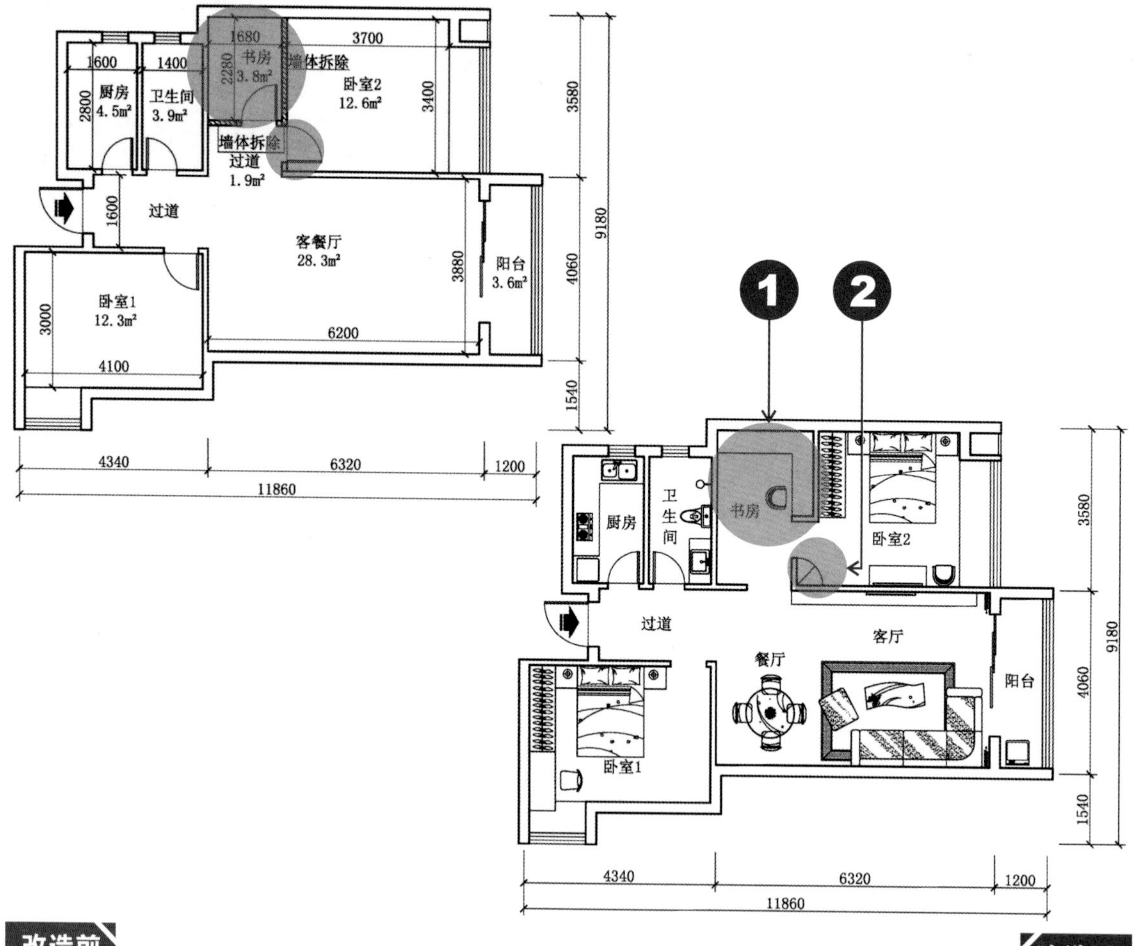

改造前

改造后

改造设计图

改造方法

❶ 拆除书房靠近过道处的墙体，拆除书房门洞，使书房形成开放格局。拆除书房和卧室2共用的墙体，并在合适位置新建一段L形的墙体，其长边长度为1880mm，短边长度为500mm，以此分隔卧室2和书房。

❷ 拆除卧室2门洞及其周边墙体，并在卧室2原有门洞一侧新建一段长度为600mm的墙体，在此处可设置弧形三角置物架。

↑具有艺术性的装饰画和墙面挂饰可以提升空间品质，同时与室内的家具、灯具等搭配，能丰富空间的层次感

→面积不大的卧室要同时拥有梳妆台和衣柜，可以依据其室内结构将梳妆台与衣柜合为一体来制作，这样既能节省空间，在视觉上也比较统一

←为了扩大空间视野，可以选择满墙镜，同时开放的书房也能使室内空间更显开阔

案例60 挪动墙体创造新的分区

挪动墙体位置，改变分区内部面积，完善室内布局

户型分析

这是一套内部面积为$78m^2$左右的户型，这套户型坐北朝南，户型通透，采光充足。设计要求依据需要细化功能分区，创造更适合长久生活的家居环境。

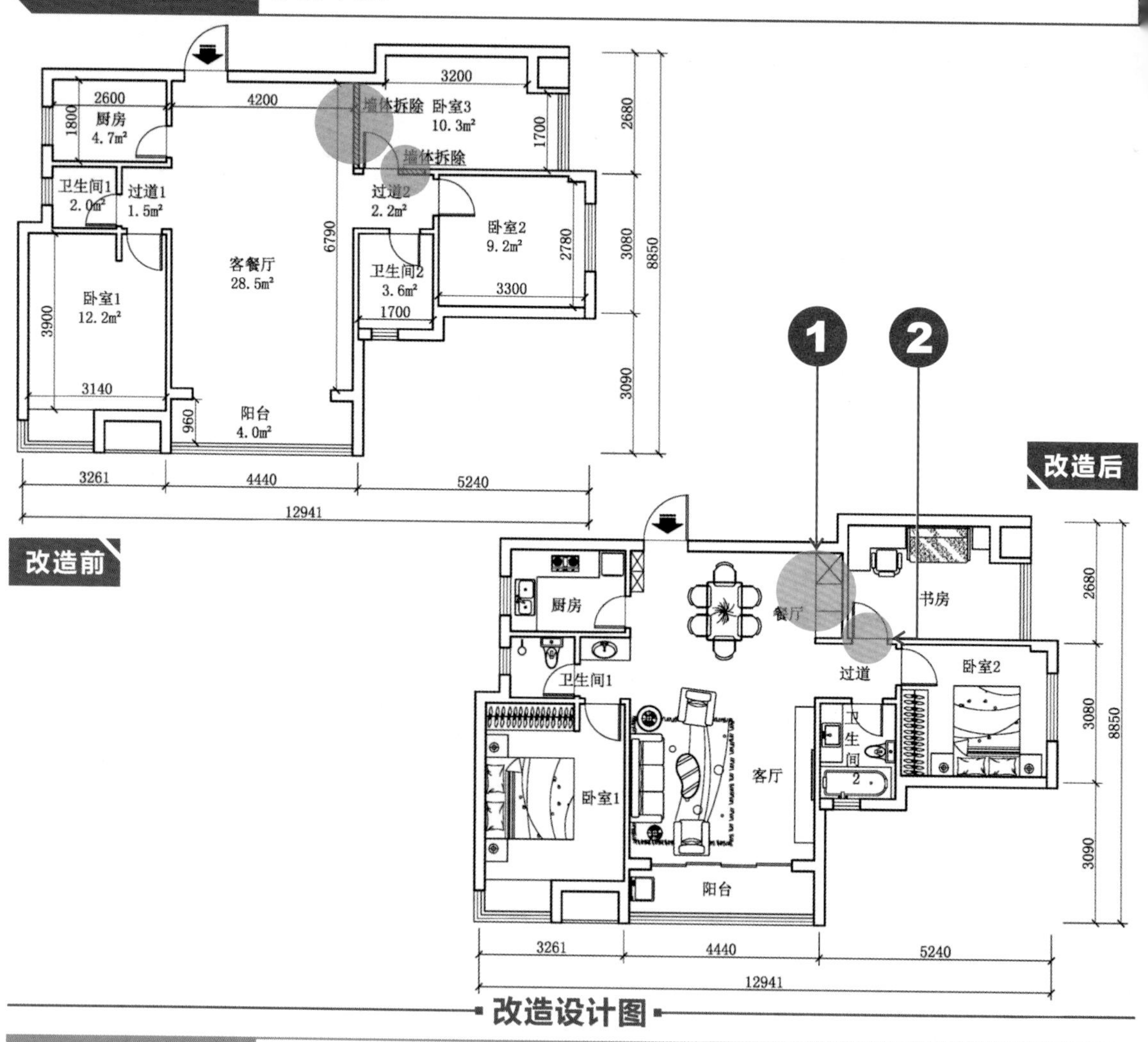

改造设计图

改造方法

❶ 将原卧室3靠近原客餐厅一侧的墙体向原卧室3窗户方向移动600mm，并在原卧室3门洞方向新建一段长为600mm的墙体，此处内凹空间内可设置酒柜。

❷ 拆除原卧室3门洞及其周边墙体，在靠近卧室2门洞的位置新建宽为800mm的门洞，开门方向朝向原卧室3。

→回形的吊顶具有比较好的观赏性，搭配客厅圆形茶几和异型的座椅，满满的几何美感

→镂空的屏风既具有很好的装饰美感，同时也能区分空间。餐厅内的深色餐桌椅和白净的墙面在灯光的映衬下也愈发显得温馨

↑书房内可以选择更具灵活性的置物架，根据生活需要可以改变形状，置物架下可以放置休憩用的沙发，这样也能节约空间

↑厨房油烟较多，选择白色虽然可以提亮室内亮度，但应选择易清洁的材质，这样更方便日常生活的打理

案例61 合并分区扩充卧室空间

合并同一方向的分区，扩大常用分区的内部面积

户型分析

这是一套内部面积为102m²左右的户型。这套户型较大，分区较多，拐角也较多，但采光还算比较充足。设计要求完善分区，调整分区内部结构，创造更持久化的便捷家居。

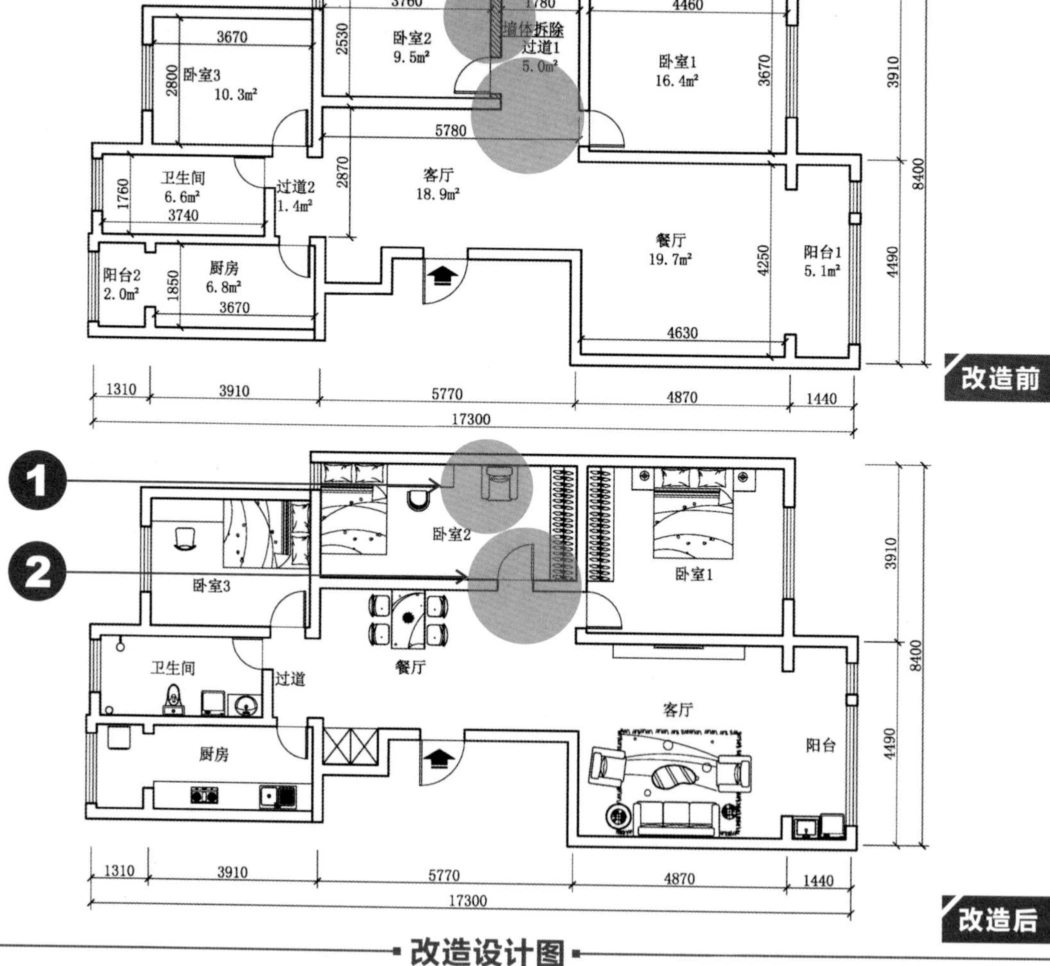

改造设计图

改造方法

❶ 拆除卧室2与原过道1之间的墙体，将卧室2与原过道1合并为一处，以此扩充卧室2的面积。

❷ 改变卧室2门洞的位置，在卧室2靠近客厅的那一侧墙体上开设门洞，开门方向朝向卧室内。

→客厅选择了几个单色，这些色调有利于后期家具和其他配饰的选择。沙发背景墙由各种各样的照片装饰，富有设计美感

→绿色和蓝色能给人一种很放松的感觉，也能增强食欲，同时餐椅的色彩和吊灯的色彩一致，彼此相互呼应，这也从另一方面增强了室内环境的统一性

↑以榻榻米形式存在的床具有存储功能，果绿色的墙面也为室内营造了较好的休憩氛围

↑面积较小的卧室除了放置小规格的床外，还可以在床的侧上方设置层板，为卧室提供一定的存储空间

案例62 巧用玻璃隔断开阔视野

使用更轻便的玻璃隔断代替实体墙，拓展室内活动空间

户型分析

这是一套内部面积为76m^{2}左右的户型，这套户型坐南朝北，厨房虽有阳台，但可利用的空间不大。设计要求拓展室内活动范围，创造更为灵活的家居环境。

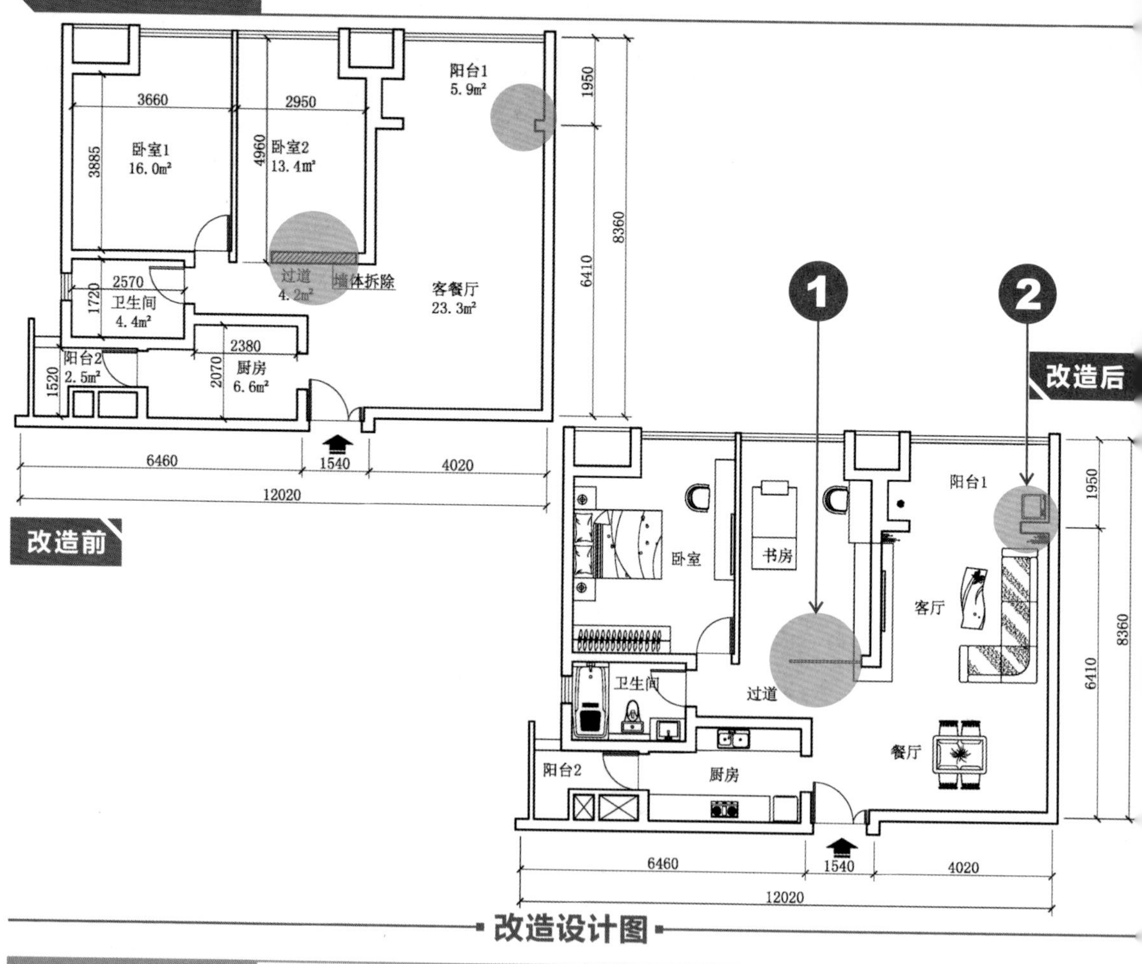

改造设计图

改造方法

❶ 拆除原卧室2靠近过道处的墙体，将原卧室2改为书房，在书房一侧设置与客厅电视背景墙一体的装饰层板，使之形成开放式格局，并安装长为1600mm、厚度为40mm的玻璃隔断。

❷ 依据需要延伸阳台1门洞右侧墙体，长度与洗衣机的长度基本一致。阳台1在封闭的情况下不需要门，可以与客厅合为一体，为客厅提供更多采光，也更有利于通风。

←简单的色调更能突显出客厅的简洁与大气。为了避免空洞感，可以在客厅内增设色彩丰富的装饰品或花卉、盆栽等，既能清新空气，也能美化家居

←无论是客厅还是餐厅，装饰柜和储物柜以及墙面、茶几等的色彩都属于深色调，比较统一，这种统一的色调能营造出一种和谐的氛围

↑长方形的玻璃灯罩可以很好地聚拢光线，底部没有完全封闭，且玻璃具有透光性，光线通过玻璃灯罩投射到餐桌上，光影斑驳，格外好看

↑纵向视角上没有任何的遮挡，这种形式可以在视觉上很好地延伸空间，简单的结构布置也能使空间显得更大气

案例63 以窗换墙获取更多采光

合理拆除墙体，并在对应的位置安装窗户，扩大室内采光和通风面积

户型分析

这是一套内部面积为126m²左右的大户型，拥有狭长的阳台，分区较多。设计要求通过改变墙体结构来细化各分区功能，创造舒适环境。

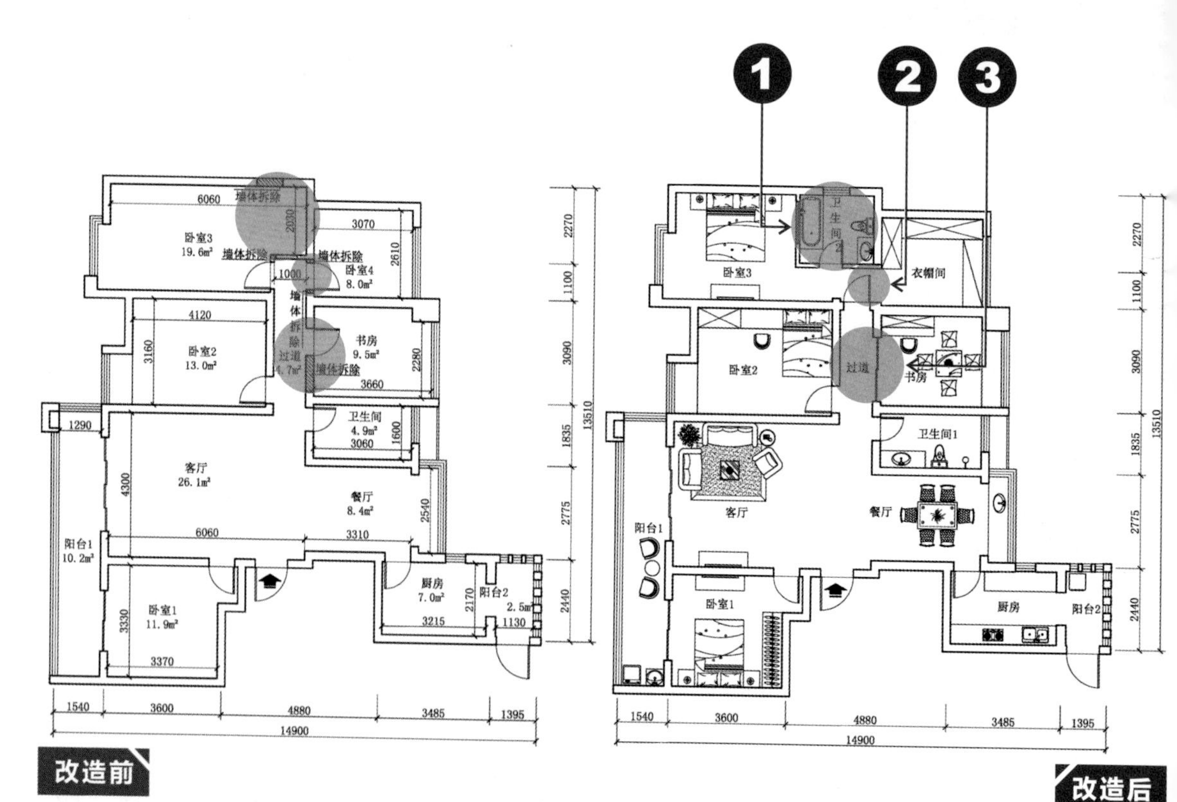

改造设计图

改造方法

❶ 在距离卧室3右侧纵向墙体向左750mm处拆除一段长为800mm的外墙，并在此处安装窗户。同时将卧室3右侧纵向墙体向左2250mm处增加隔墙，在卧室3中设立一个单独的卫生间，保持基本的通风和采光。

❷ 拆除原卧室4门洞及其周边墙体，同时拆除卧室3门洞及其周边墙体，将原卧室4改为衣帽间并入卧室3中，在朝向过道一侧设置新的门洞，将原卧室4作为衣帽间。

❸ 拆除书房门洞及其周边墙体，重新开凿出宽度为1900mm的门洞，并安装长为950mm、厚度为40mm的木质移门。

↑嵌入电视背景墙内的人造大理石台面具有较好的质感，配上皮质沙发、木质茶几、呢绒沙发毯，客厅的高级感扑面而来

↑层高较高的餐厅除了可设置二级吊顶外，还可以设置艺术吊顶，为餐厅营造更浓郁的浪漫气息

↑多功能榻榻米具备良好的储物功能，不需要很多配饰，制作榻榻米的材质本身所具有的纹理，搭配色彩素雅的艺术摆件，营造出满室的儒雅气息

案例64 妙用异型空间美化家居

改变原始格局，善用异型区域，为家居创造更多的可能性

户型分析

这是一套内部面积为127m²左右的大户型，分区非常多，部分区域面积较小，采光也不够充足。设计要求在现有条件下创造更具创意性的家居环境。

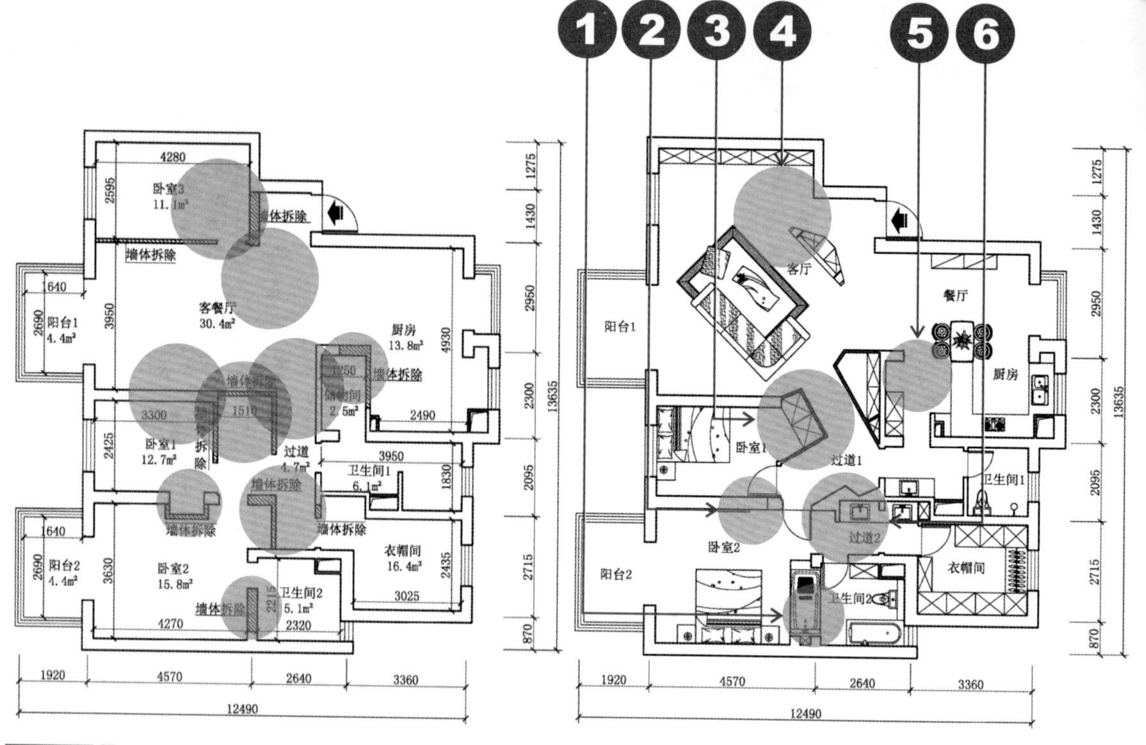

改造前

改造后

改造设计图

改造方法

❶ 拆除卧室2与卫生间2之间的墙体，并改变卫生间2的开门方向。

❷ 拆除卧室1和卧室2之间的内凹空间，规整卧室2的内部结构。

❸ 拆除卧室1门洞一侧与门洞旁墙体，并设计斜向内凹空间，以放置衣柜。

❹ 拆除原卧室3门洞两侧墙体，将原卧室3纳入到客厅中，增加客厅的面积。

❺ 拆除储物间靠近厨房两侧的墙体，在此处设立斜向梯形台面。

❻ 拆除卧室2门洞处和原过道旁的墙体，在卧室2门洞旁新建墙体。

↑圆形的吊顶具有较好的柔和美，同时二级吊顶以花为基础造型，为室内增添了艺术美感。这种比较复杂的吊顶比较适合面积大、层高较高的客厅

→厨房和餐厅全部都是开放形式，整个区域视野比较开阔。厨房整体色调以白色为主，搭配餐厅的深色调，十分和谐

←带有特殊造型的台面会更引人注目，这种造型的台面下所能存储的物品也更多，且台面的两端也具有一定的对称性

案例 65 局部改造完善空间形态

拆除局部区域墙体，依据需要稍作改动，改善室内环境

户型分析

这是一套内部面积为74m²左右的户型，这套户型属于典型的中户型，卧室和客餐厅面积符合基本需求。设计要求通过改造内部墙体，完善家居形态，创造一个更具使用价值的家居。

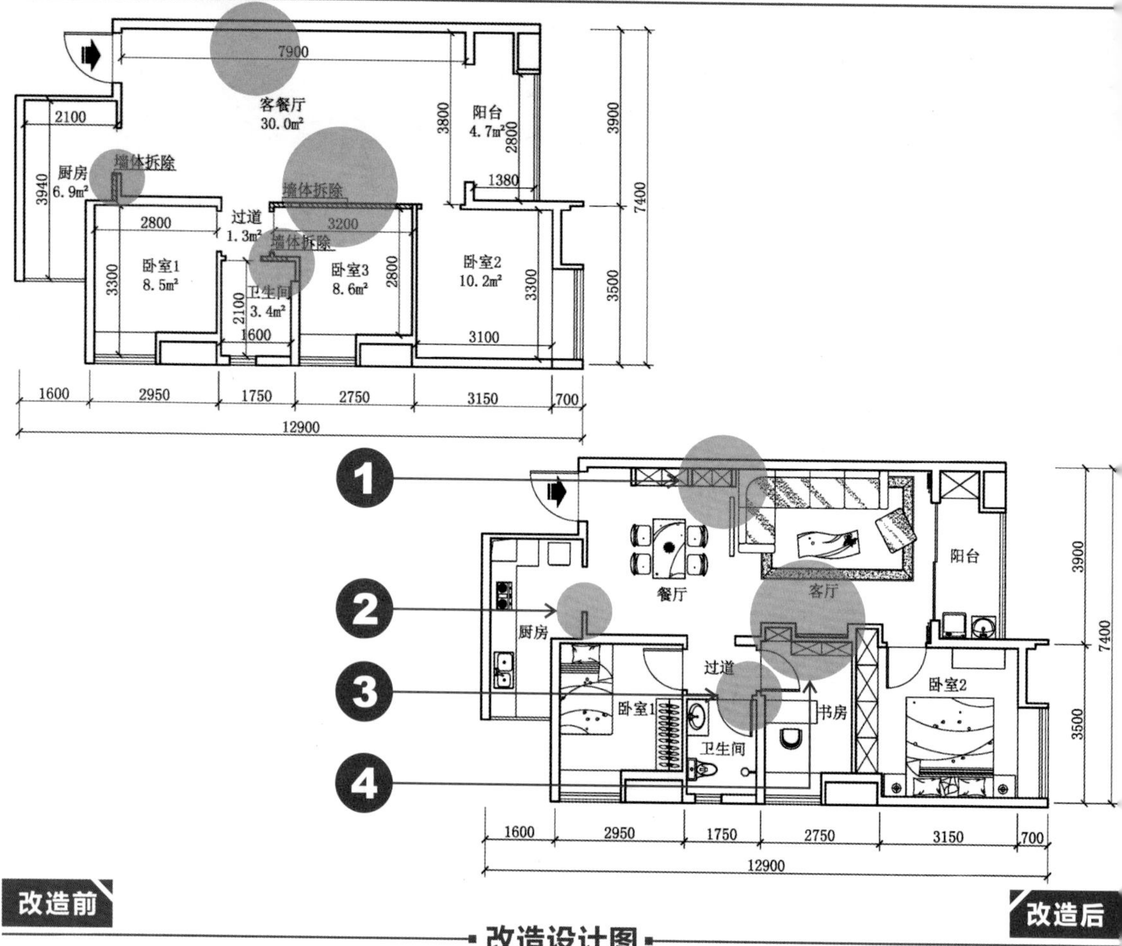

改造设计图

改造方法

❶ 在原客餐厅合适位置新建内凹空间，内凹空间内设置鞋柜和酒柜。

❷ 凿去厨房门洞旁厚度为240mm墙体的一半厚度。

❸ 拆除原卧室3靠近卫生间门洞处的墙体，改变卫生间的门洞位置，使其开门方向靠近原卧室3。

❹ 拆除原卧室3靠近原客餐厅一侧墙体，将原卧室3改为书房，设置内凹空间。

↑客厅沙发背景墙和电视背景墙都选用了几何元素，以白色为基础色调，浅色和少量亮色为辅助色调，整个空间十分整洁、明亮

↑床上用品精致温馨，与墙面造型形成呼应

←条纹在视觉上可以起到很好的延伸效果，搭配墙面的几何装饰和储物柜旁移门上的线条，整个空间显得更大气，视觉美感也更突出

案例66 打通分区获取更多功能

贯通两个不同的分区，在有限的空间内获取更多的使用功能

户型分析

这是一套内部面积为80m²左右的户型，包含有客餐厅、厨房、卫生间各一间，卧室两间，一处过道，一处阳台。这套户型客餐厅和卧室都具有比较宽的采光通道，但阳台过小，且位于厨房内，不太方便使用。设计要求通过户型改造完善家居内的使用功能，使室内各项布置能更方便生活。

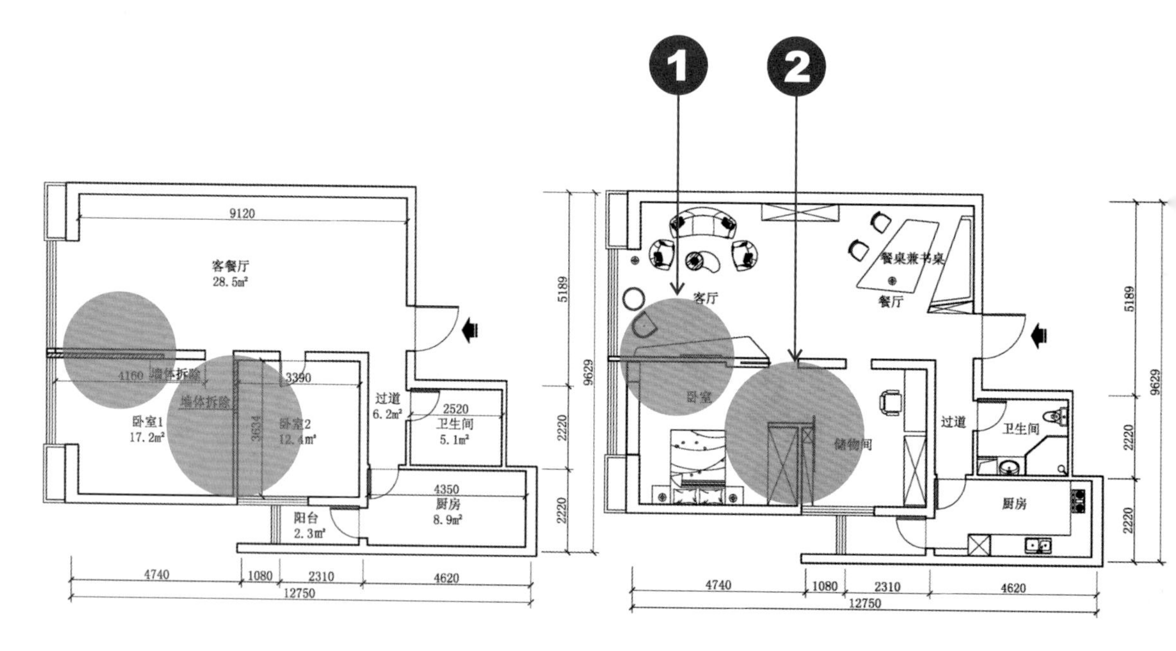

改造前

改造后

改造设计图

改造方法

❶ 拆除原卧室1靠近原客餐厅一侧的部分墙体，拆除墙体长度为3240mm，在卧室门洞处安装长度为800mm、厚度为40mm的内嵌式移门，使卧室内的空间能够得到充分的利用。

❷ 拆除原卧室1与原卧室2共用墙体的部分区域，留下一段长为2100mm的墙体，在该墙体的垂直方向设立一段长为1220mm、厚度为120mm的新墙体，作为两个分区之间的隔断。同时将原卧室2改为储物间，在其中设置相应的储物柜。

→异型的茶几能够为客厅带来趣味感，同时也能中和大量垂直线条带来的冷硬感，搭配地面圆形的地毯，十分灵动

→在空间足够的情况下，异型的餐桌具有更多的使用功能，不仅可以作为用餐的场所，同时也能作为书桌或工作桌使用

↑比较空旷的卧室可以通过装饰床头背景墙来充实空间，但所设计的装饰造型或所选择的装饰挂件都不宜过大，以免产生压抑感

↑钻形的玻璃淋浴间具有稳定性，且可以充分利用到空间内的边边角角，不会占用很多空间，利于日常洗漱活动

案例67 巧妙拆除提高室内亮度

在适当的位置拆除墙体，减少实体阻碍，增加室内采光

户型分析

这是一套内部面积为66m²左右的户型，包含有客餐厅、厨房、卫生间各一间，卧室两间，一处过道，两处阳台。这套户型主次分明，但卫生间的采光和通风不够充足，不便于日常洗漱和梳妆。设计要求结合软装配饰营造一个更时尚、更明亮的现代家居。

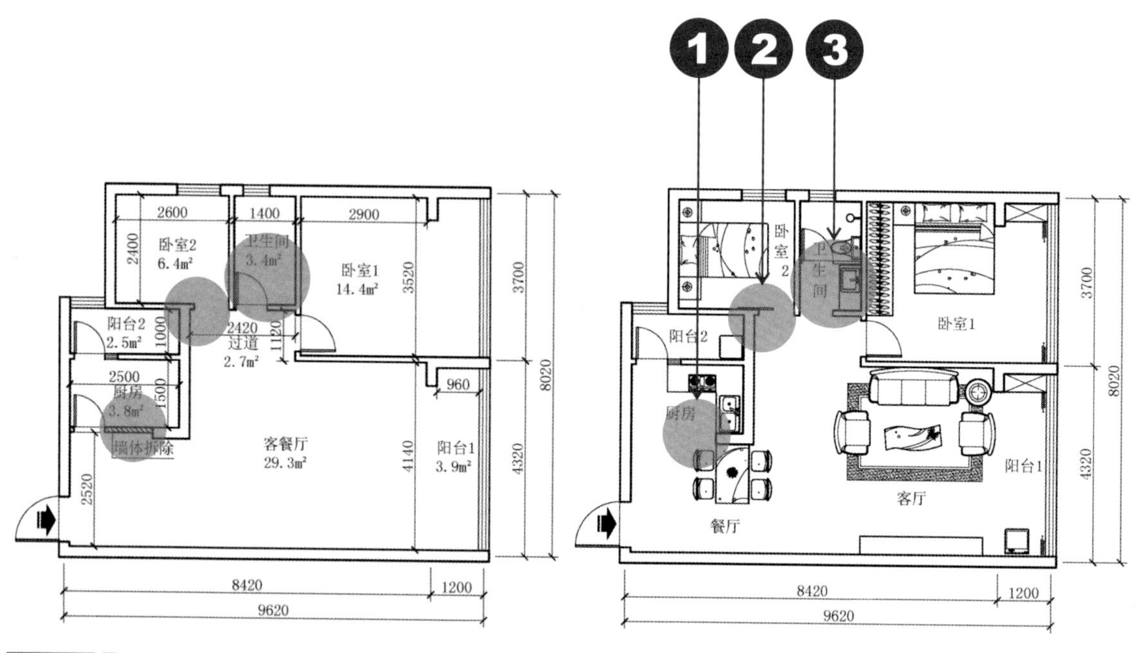

改造前

改造后

改造设计图

改造方法

❶ 拆除厨房门洞及其周边墙体，仅留下长为600mm、厚度为240mm的承重墙，并设置L形橱柜，营造一个干净、整洁的烹饪空间。

❷ 改变卧室2开门方式，推拉门与平开门相比能够更节省空间，也能为卧室内预留出更多的行走通道和储物空间。

❸ 拆除卫生间门洞周边部分墙体，仅留下门洞右侧长为650mm的墙体，为干湿分区提供隔断。同时在淋浴区安装平开门，以保证基本的隐私需求。干湿分区的面积可根据选择的洗面池尺寸而改变。

↑白色可以提亮空间整体色调。厨房内吊柜、台面乃至凸出台面的吧台式餐桌都是白色，餐椅同样以白色为主，搭配黑色瓷砖包裹的方柱，黑白分明，堪称经典

↑为了不使空间显得拥挤，卧室内选择了开放型的衣柜。衣柜以层板为主要支撑，层板上方可放置箱子，层板下方设置有挂衣杆，足够日常使用，在层板下方还设置有灯管，既提供基础照明，同时也很美观

↑客厅内的色调同样以黑白搭配为主，顶部筒灯带来明亮的灯光，沙发旁的落地灯是暖色的光源，为室内营造更浓郁的温馨氛围

案例68 拆门洞提高空间利用率

拆除旧门洞，依据设计新建门洞，提高空间利用率

户型分析

这是一套内部面积为136m²左右的户型，包含有客餐厅、厨房、书房各一间，卧室三间，卫生间两间，一处过道，两处阳台。这套大户型各功能分区十分齐全，采光面积也很大，但部分区域不能得到有效利用。设计要求完善住宅内部缺陷，营造美好家居。

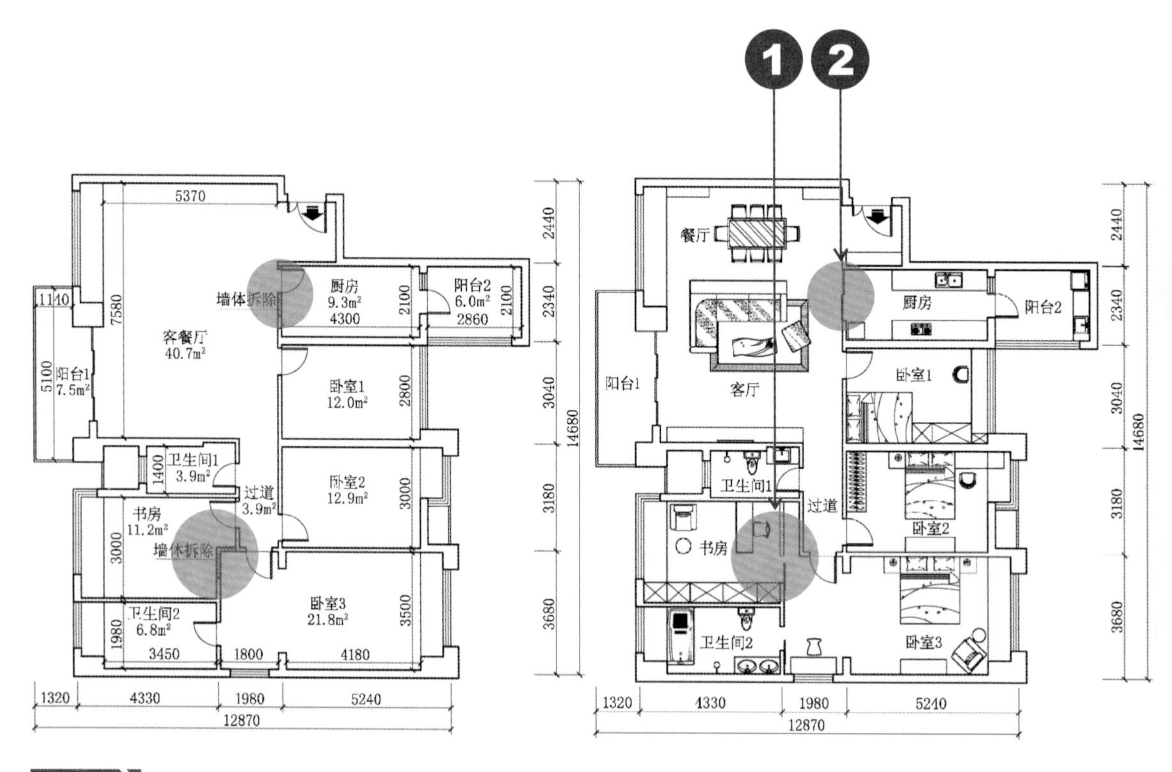

改造前　改造后

改造设计图

改造方法

❶ 将书房并入到卧室3中，并改变其开门方向，在书房内部安装长为800mm、厚度为40mm的玻璃移门，以此增强室内通风。

❷ 拆除厨房门洞及其周边非承重墙，并安装两扇长为750mm、厚度为40mm的玻璃移门。在新门洞旁新建一段长为400mm、厚度为120mm的墙体，作为鞋柜的侧面支撑墙体。

→皮质沙发具有比较好的质感，色调简洁的沙发搭配色调纯粹的抱枕，有效地提升了空间格调。同时地面花色的铺装也使得室内环境更具特色

→狭长的空间可以通过大面积的镜墙来扩展视觉上横向的空间感，同时灯光通过镜面反射，也使得室内更明亮

→餐桌的整个台面由人造大理石铺设而成，色调素雅，奢华而低调。以皮质单人沙发作为餐椅，与客厅的沙发在材料上也相互呼应形成统一

案例69 拆除墙体扩大行走空间

改变内部分区，合理拆除墙体，增强室内行走流畅度

户型分析

这是一套内部面积为51m²左右的户型，包含有客餐厅、厨房、卫生间各一间，卧室两间，一处过道，一处阳台。这套户型比较常见，客餐厅结构方正，但厨房处的阳台利用率较低，且卧室与客厅之间的过道有些拥挤。设计要求通过改变内部结构创造一个更便捷、更现代的家居。

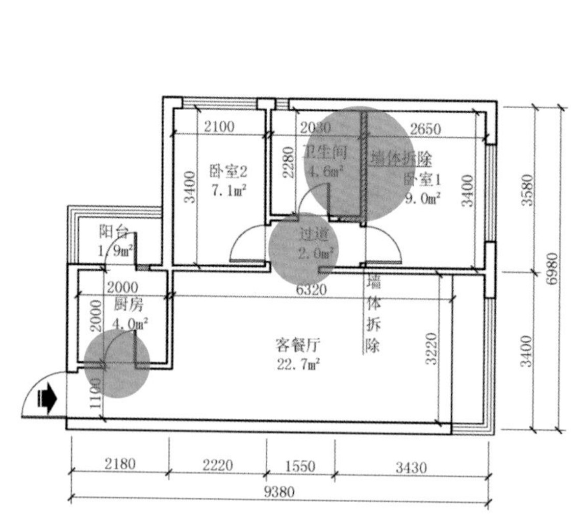

改造前

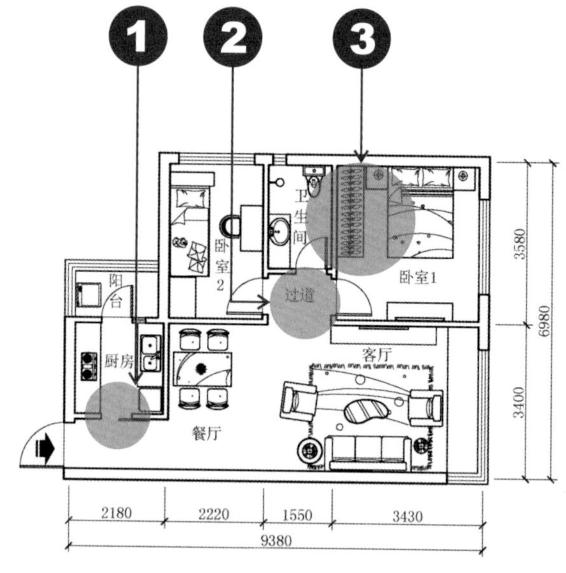

改造后

改造设计图

改造方法

❶ 改变厨房开门方式，安装更适合日常使用的单扇推拉门，玻璃推拉门具有较好的隔声性，适合日常的烹饪活动。

❷ 拆除原客餐厅一侧的墙体，使之与卧室1门洞平齐，以此将过道宽度由原来的1100mm扩大至1430mm，方便通行及物品搬运。

❸ 拆除卫生间靠近卧室1的两侧墙体，缩减卫生间的面积，将其宽度缩减600mm。缩减出来的空间可纳入到卧室1中，以此扩大卧室内部存储空间和行走通道。

↑皮质沙发和毛绒抱枕，不仅在色彩上形成对比，在材质上也有较明显的对比，但两者在一起，并不会冲突，而白色和橙色的毛绒抱枕能弱化皮质沙发的僵硬感，也能较好地调节室内氛围

↑狭长且小的卧室通过镜子可以在视觉上给人一种空间扩大了的感觉，这种感觉在深色和浅色的交替映衬下会更突出，这对于追求空间感的居室十分适用

案例 70 设立开放分区便于使用

选择特定的功能分区，改变其存在形态，增强使用便捷性

户型分析

这是一套内部面积为85m²左右的户型，这套户型内部结构都比较规整，拐角比较少，但卫生间和厨房的利用率较低。设计要求完善日常使用频率较高的分区，建立更便捷的家居环境。

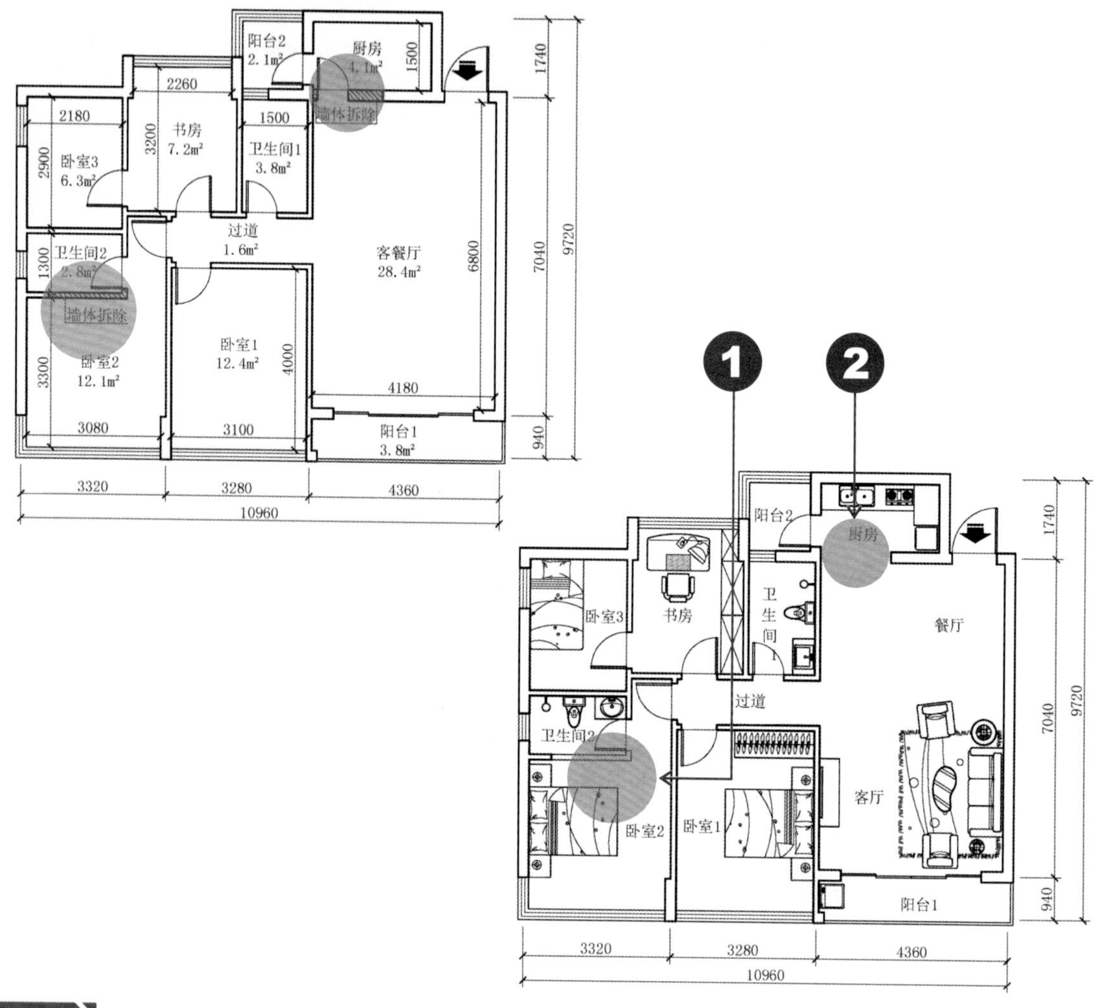

改造设计图

改造方法

❶ 拆除卫生间2和卧室2共用的一侧墙体，并用玻璃隔断代替。

❷ 拆除厨房门洞以及门洞旁的非承重墙，依据需要安装推拉门。

→不同规格的艺术吊灯适用于不同面积的空间。层高在2200mm以上的客厅，选择水晶吊灯可以很好地提升空间格调，同时也不会显得压抑

→布置简洁的书房，在层高满足要求的情况下，安装水晶吊灯，更能烘托阅读氛围，也能提高书房格调

→卧室内需要营造一个优雅、奢华的氛围，可以选择亮度适中的水晶吊灯，但要注意垂度不要过低，否则会破坏吊灯的美感，且会影响睡眠

案例 71 改变封闭模式开阔视野

拆除非承重墙，改变功能分区的开启方式，增强空间感

户型分析

这是一套内部面积为60m²左右的户型，包含有客餐厅、厨房、卫生间、书房、衣帽间各一间，卧室两间，一处过道，一处阳台。这套户型套内面积较小，但每个分区均有采光。设计要求完善分区功能，通过基础改造和后期配饰来营造一个更具时尚、魅力的敞亮家居。

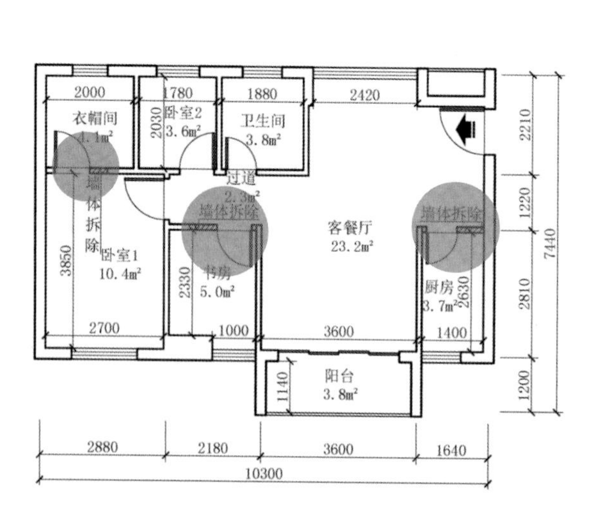

改造前

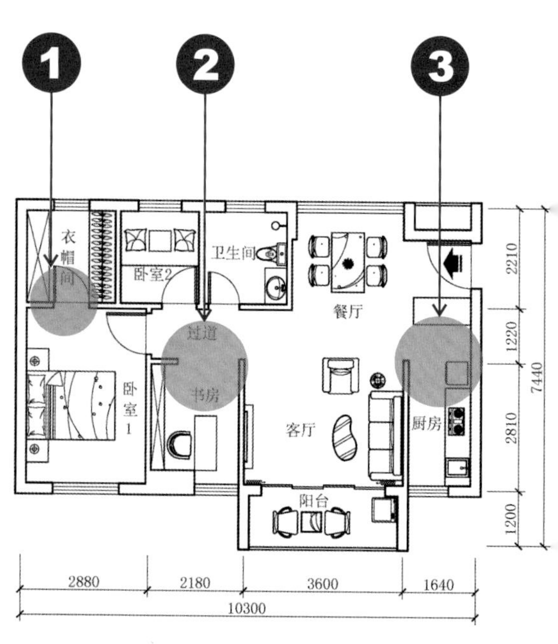

改造后

改造设计图

改造方法

❶ 拆除衣帽间门洞及门洞旁墙体，在原有门洞位置两侧各新建一段长为600mm、厚度为120mm的墙体，留出宽度为800mm的门洞，便于在衣帽间两侧设立满墙的衣柜，这样也可增加卧室内的存储面积。

❷ 拆除书房门洞及门洞旁的非承重墙，仅留下长为600mm、厚度为120mm的墙体，预留出宽度为1400mm的门洞，拓宽书房面积。

❸ 拆除厨房门洞及门洞旁的非承重墙，使厨房呈现一个半开放的状态，阳光也可以通过餐厅投射到厨房中。

→人造大理石制作的电视背景墙具有较好的质感。客厅电视背景墙的色彩与室内其他家具和配饰的色调也都能完美地搭配在一起，整个空间搭配很协调

→餐厅无论是灯具还是餐具都有一种很高雅的感觉，这种不同元素之间的搭配也使得用餐氛围更温馨

→书房呈现半开放模式，书柜旁还设立有镜墙，视觉上无论是在纵向还是在横向，书房都能给人一种很敞亮的感觉，搭配高度适中的水晶吊灯，空间优雅的氛围表现得淋漓尽致

案例 72 平衡分区面积完善空间

打散住宅内部结构，获取更多的便捷功能

户型分析

这是一套内部面积为81m²左右的户型，这套户型采光还算比较充足，但厨房使用面积和卫生间使用面积较小，会影响日常生活。设计要求整合空间，为日常生活提供足够的空间，营造一个更舒适的家居。

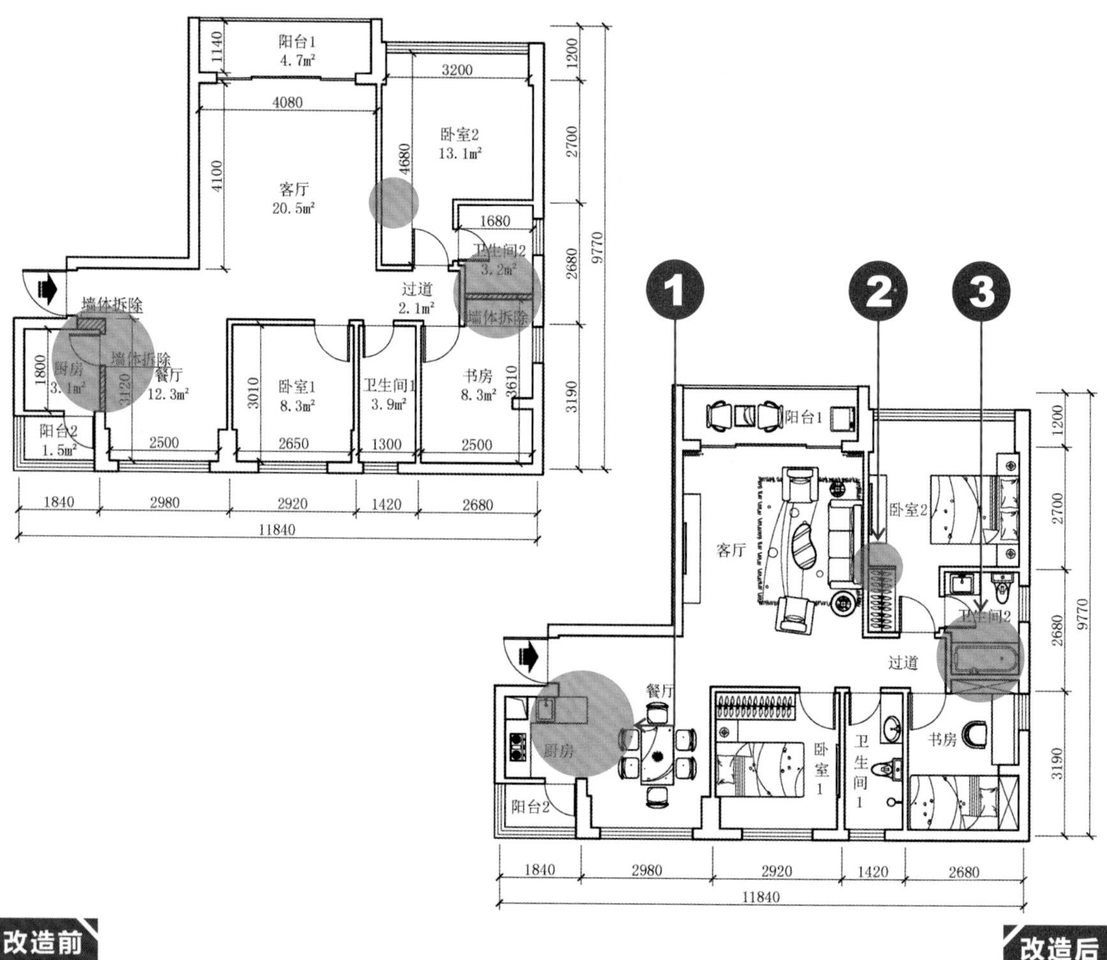

改造设计图

改造方法

❶ 拆除厨房周边局部墙体，形成半开放式厨房。

❷ 在卧室2与客厅之间制作墙体与局部衣柜，以此来分离卧室与走道区。

❸ 拆除书房与卫生间2之间共用的墙体，并在距离卫生间2内侧横向墙体2260mm处新建一段墙体，以此扩大卫生间2的内部面积。

↑光滑且色泽亮丽的地面瓷砖，搭配五颜六色的地毯，在灯光的映衬下，十分好看

↑餐厅悬挂式蜡烛灯颇具艺术美感，能够营造浪漫的用餐氛围

↑厨房设计成L形，有效地利用了空间。同时在台面上方还设计有可以收缩的小型台面，方便放置餐具，台面以及橱柜和其他餐具之间也十分相配

↑书房带有休憩空间，书柜不适合选择封闭的，半开放半封闭的书柜可以满足陈列和收纳的功能需求。书柜的色调与书桌的色调一致，整个空间搭配十分统一

↑带有卫生间的卧室普遍面积较大，室内可选择具备功能性和观赏性的艺术吊灯，这样也能弥补大空间的空旷感

↑卫生间镜子的下方也可以设置小型的层板，层板上可以放置装饰盆栽，既清新空气，也能美化卫生间

案例 73 新建墙体设立存储空间

在合适的位置新建墙体，用墙体包围出新的内凹空间，扩大存储

户型分析

这是一套内部面积为50m²左右的户型，包含有客餐厅、厨房、卫生间各一间，卧室两间，一处过道，一处阳台。这套户型面积虽小，但各功能分区布局十分紧凑。设计要求巧用材料和配饰营造一个大气和温馨的家居环境。

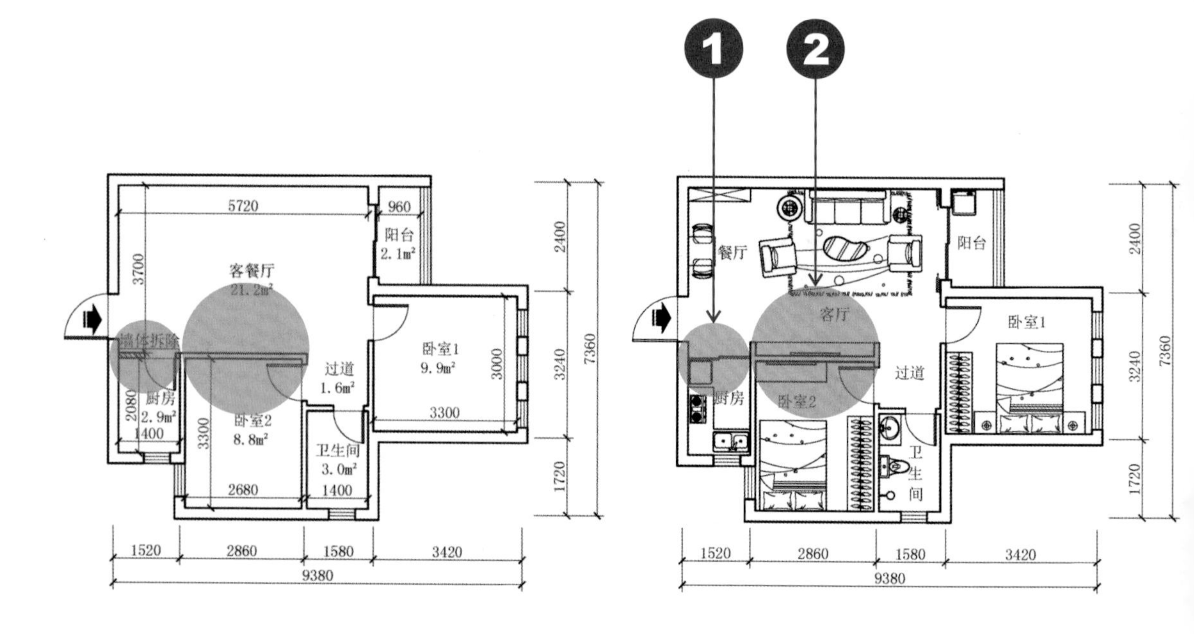

改造设计图

改造方法

❶ 拆除厨房门洞及门洞旁的墙体，并在原始位置安装两扇长为700mm、厚度为40mm的推拉门，以此来为厨房争取更多的存储空间。

❷ 在卧室2靠近原客餐厅墙体的垂直方向新建两段长为300mm、厚度为120mm的墙体。这两段墙体所形成的空间内可设置电视背景墙，同时也可存储物品。

↑在没有条件安装吊灯的居室内，富有设计感和艺术性的落地灯同样也是很好的选择，且不同造型的落地灯所形成的光影与顶棚灯具形成的光影发生重叠，能在室内形成另一番美景

↑餐厅位于客厅一角，简化的就餐空间并不简陋。餐具与软装搭配精致典雅，装饰柜门板采用格子造型简洁且具有立体感

→沙发背景墙除了使用美观的壁纸制作之外，还可用装饰画制作。富有韵味的装饰画可以有效地提升室内格调，同时要注意在装饰画顶端打灯，以增强视觉冲击感

案例 74 增加功能分区丰富空间

新建功能分区，拆除门洞，全面完善室内格局

户型分析

这是一套内部面积为54m²左右的户型，包含有客餐厅、厨房、卫生间、卧室各一间，并有一处过道，一处阳台。这套户型整体结构比较方正，阳台采光充足，但厨房几乎没有采光，不便于日常烹饪活动。设计要求改变内部格局，营造一个更明亮、更具有生活气息的家居环境，使日常家居生活更舒适。

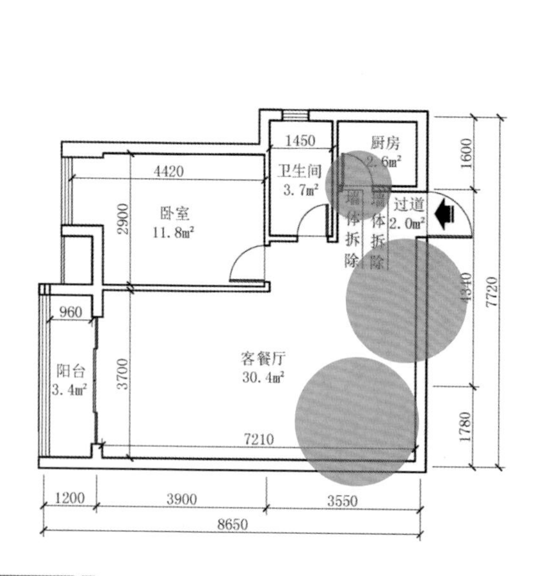

改造前

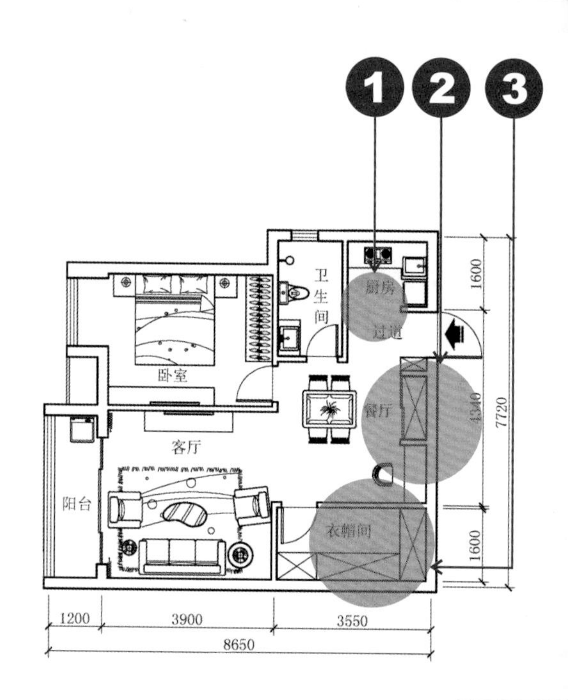

改造后

改造设计图

改造方法

❶ 拆除厨房门洞以及门洞旁的非承重墙，营造半开放式厨房，为厨房获取更多的采光，这样也能更方便厨房内的日常活动。

❷ 分别在距离入户处300mm和1820mm处新建两段长为600mm、厚度为120mm的墙体，并分别设置鞋柜和酒柜。

❸ 在原客餐厅区域新建分区，并命名为衣帽间，衣帽间长为3550mm、宽为1600mm，衣帽间内设置有L形的衣柜，便于日常衣物的存储。

→弧形的茶几充满几何美感，灵动的线条弱化了玻璃框架上纵向线条带来的重硬感。同时室内色调以白色为主，黑色和绿色为辅，不会显得压抑，反而更具魅力

→以镜面玻璃作为隔断墙体，不仅可以有效增强空间感，同时也能使空间更显明亮，且其所占用的纵向垂直空间也不会过多

→卧室主打色调为白色，无论是选用的艺术吊灯，还是墙面色调，甚至是床上的部分用品，其色调都与主色调相搭配，整个空间氛围十分和谐

案例 75 调整门洞大小完善布局

根据住宅实际情况，改变门洞位置和大小，创造便捷家居环境

户型分析

这是一套内部面积为93m²左右的户型，这套户型拥有较大的阳台，卧室面积也都比较均匀，但走道过于狭长，显得空间有些空洞。设计要求充实家居装饰，调整室内氛围，创造一个灵动、和谐的室内环境。

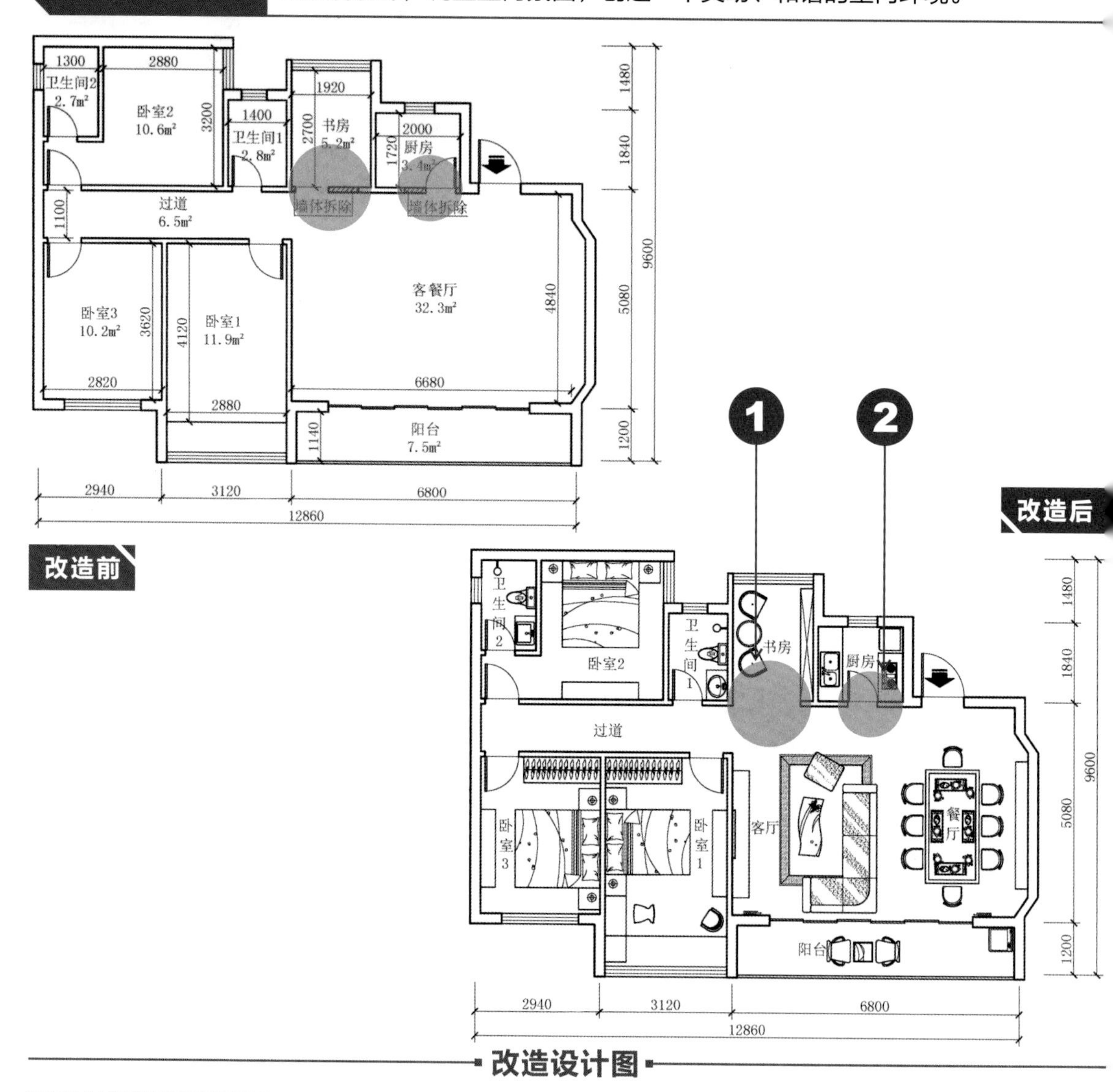

改造设计图

改造方法

❶ 拆除书房靠近原客餐厅一侧的横向墙体，拆除门洞，建立开放格局。

❷ 拆除厨房靠近原客餐厅一侧的墙体，改变门洞位置。

→方方正正的客厅只需要最基本的布置也能显得很好看，再配上流光溢彩的水晶吊灯，半圆锥形的玻璃茶几，几何感和创意感扑面而来

→形似水壶的垂挂型吊灯有着金属的外罩，既便于清洁，同时造型具有创意性，灯光积聚于一处，照度适中，非常利于营造浪漫、舒适的用餐氛围

↑狭长且宽度不足的书房选择长条形的层板会更适合，既能放置书房内的物品，同时也具有一定的美观性，不会显得书房过于拥挤

↑卧室内两面墙分别选用了糖果绿色和亮蓝色，飘窗上下也以糖果绿色为主，色调清新，营造了一个恬静、舒适的休憩环境

案例 76 开放空间创造全新格局

拆除部分功能分区门洞，形成开放格局，从形式上扩大空间

户型分析

这是一套内部面积为66m²左右的户型，这套户型功能分区布局十分紧凑，仅有一处过道通向各个功能分区。设计要求调整分区形态，打造更具开阔性的家居环境。

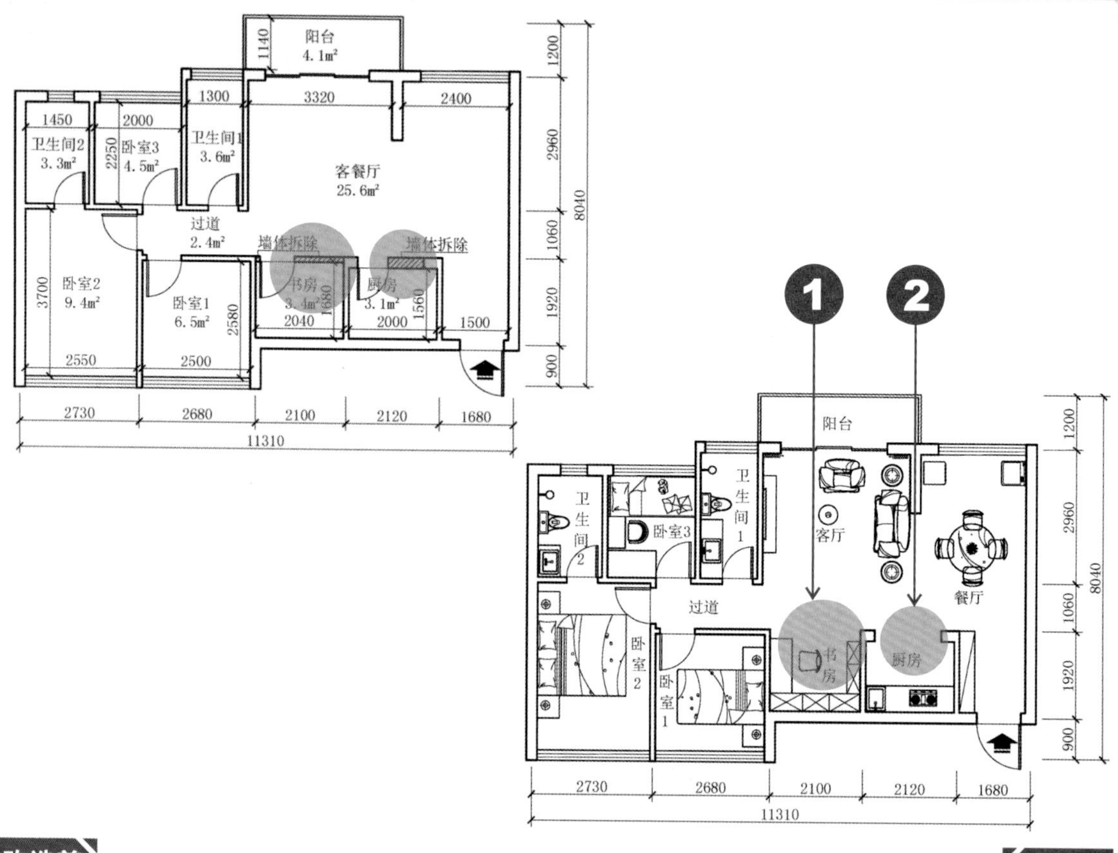

改造设计图

改造方法

❶ 拆除书房靠近原客餐厅一侧的全部墙体，包括门洞，使整个书房与原客餐厅相通。客厅内采光范围可以扩充至书房，为在书房内进行阅读、学习、工作提供更多的照明。

❷ 拆除厨房靠近客餐厅一侧的墙体，左侧仅留下长度为200mm的墙体，右侧仅留下长度为300mm的墙体。厨房内设置一字形橱柜，以最合适的方式增加厨房的存储空间。

→客厅地面铺设人造大理石瓷砖，色调与电视背景墙所铺设的大理石一致，在纵向视觉和垂直视觉上形成统一。同时人造大理石质地细腻，能使室内空间显得更为大气

→餐厅不仅拥有水晶吊灯，同时在餐厅背景墙一侧还设置有射灯，用以对墙面装饰画做重点照明，以此突显墙上的装饰物

→一字形橱柜很适用于方方正正但面积不够大的厨房。这种形式的厨房有利于存储物品，同时也不会使厨房过于拥挤，整个厨房空间也会显得比较整洁

案例 77 打通空间增加分区功能

拆除隔断墙体，打通相连的两个空间，使分区具备更多使用功能

户型分析

这是一套内部面积为78m²左右的户型，这套户型阳台狭长，采光面较大，房型结构也都比较方正。设计要求丰富住宅使用功能，创造一个更具实用性的住宅。

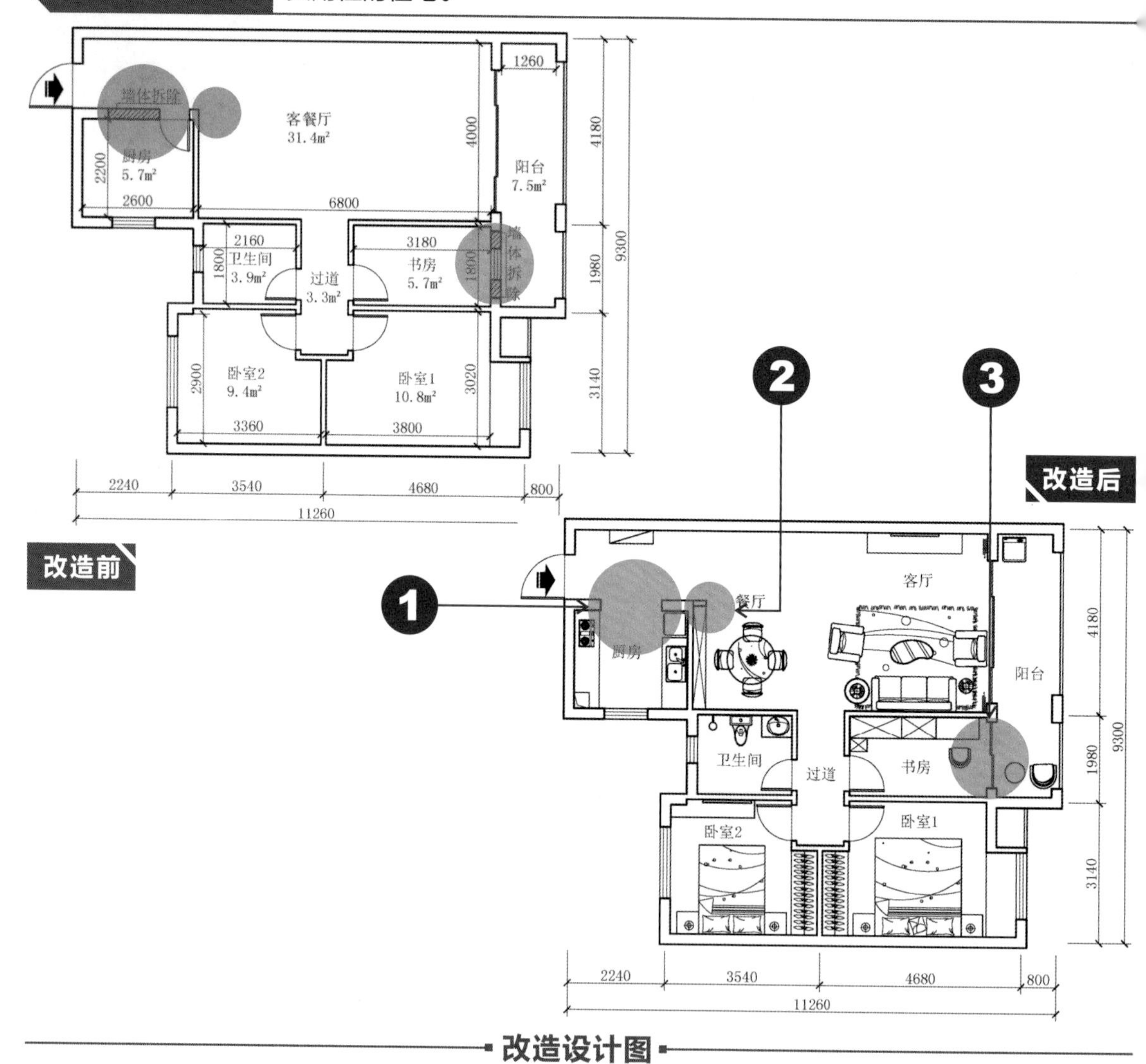

改造设计图

改造方法

❶ 拆除厨房门洞旁的墙体，新建门洞，改变其位置和大小。

❷ 在厨房右侧墙体新建一段墙体，作为餐厅与入户处的隔断。

❸ 拆除书房靠近阳台一侧的墙体和窗户，打通书房和阳台。

↑白色简单、大气，用于面积中等的客厅十分合适。客厅电视背景墙层板上所陈列的花卉和艺术品色彩素雅，茶几上的绿植也生机盎然，整个空间极富的舒适感

↑餐厅酒柜一直做到了顶部，最大限度地利用了空间，酒柜框架以浅色为主，内部结构比较简单，且是开放式格局，不会使餐厅显得沉闷，反而为其增添了不少设计感

↑卫生间比较方正，设置有宽度合适的干湿分区，便于日常使用。卫生间内色调以浅色和白色为主，符合空间主色调。少量绿植的搭配，既清新了空气，也提亮了空间色

↑绿植可以为空间创造更多的灵动感。在阳台可以选用挂钩式隔板，隔板既能用来放置绿植，同时也可放置小件的装饰品，这使得阳台也能格外地有情调

案例78 改变隔断形式提亮空间

改变实体隔断墙的存在形式，创造半开放式格局，使空间更通透

户型分析

这是一套内部面积为58m²左右的户型，包含有客餐厅、厨房、卫生间各一间，卧室两间，一处过道，一处阳台。这套户型客厅采光充足，卧室内设计有飘窗，厨房没有采光通道，不方便使用。设计要求扩大采光量，创造一个更明亮、大气的家居。

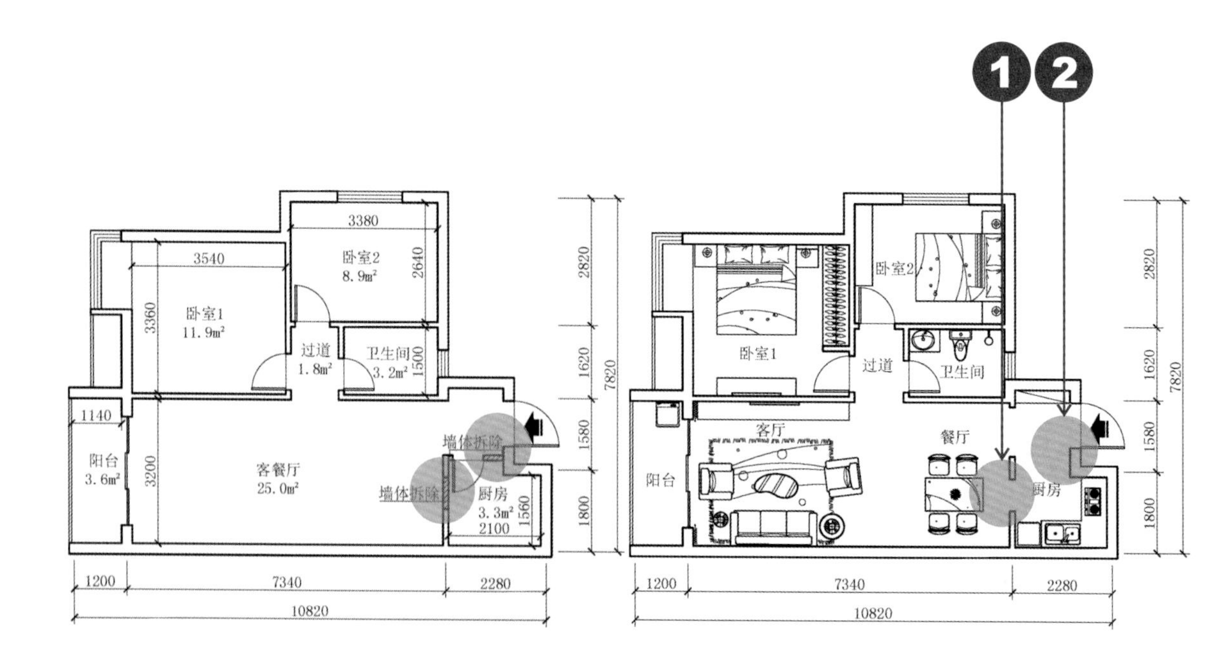

改造设计图

改造方法

❶ 拆除厨房靠近原客餐厅一侧的部分墙体，为厨房预留出宽度为700mm的门洞，连接厨房和餐厅，但并不安装门，只装饰门套，以此扩大厨房采光，提高厨房亮度。

❷ 拆除厨房靠近入户处的墙体，包括门洞。在厨房内设置L形橱柜，为厨房提供足够的存储空间。

↑沙发背景墙的设置可以美化室内环境。富有禅意的装饰画搭配色彩素雅的抱枕，很好地营造了高雅、舒适的室内氛围

↑餐厅与客厅完全通透，吊顶设计统一，具有开阔的空间感

→餐厅背景墙与客厅沙发背景墙的色调为同色系，彼此间相互呼应，餐桌上的桌旗以及餐椅上的靠枕，色彩都与客厅背景墙相近，整个空间色调统一、大气

案例79 移动门洞拒绝一眼到底

改变门洞位置，以柜体代替墙体，增加存储，丰富空间形式

户型分析

这是一套内部面积为56m²左右的户型，包含有客餐厅、厨房、卫生间各一间，卧室三间，一处过道，一处阳台。这套户型厨房和卫生间的面积都适合使用，同时两间相连的卧室内均有内凹空间，可以提供足够的存储空间。设计要求调整视觉动向，创造更具观赏性的实用家居。

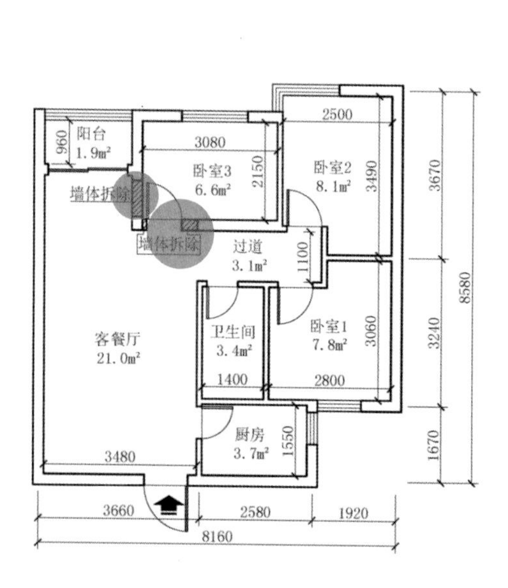

改造前

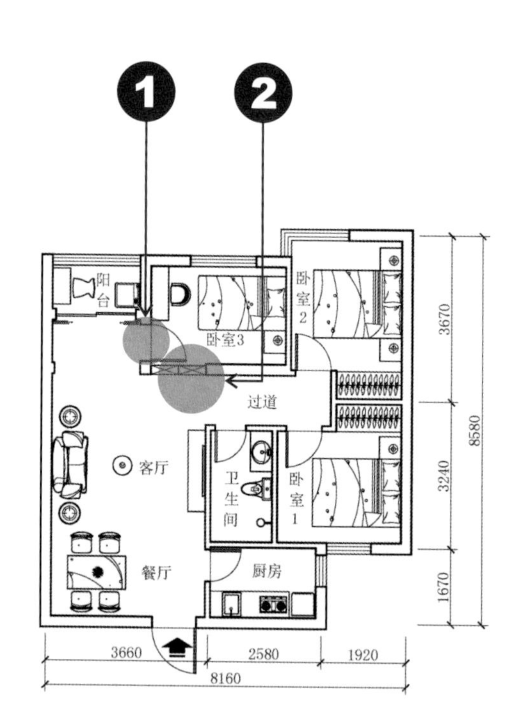

改造后

改造设计图

改造方法

❶ 拆除卧室3靠近阳台一侧的墙体，并在此处开设宽为800mm的新门洞。改变原始结构一眼到底的格局，为家居增添更多的神秘性。

❷ 拆除卧室3门洞以及门洞旁的非承重墙，并在此处设立长为1260mm、宽为200mm的储物柜，以此柜来代替墙体作为空间的隔断。

→客厅内的圆形玻璃茶几质地通透，茶几分为两层，第二层可以放置杂志或报纸，客厅内整体色调与餐厅一致，均以浅色调为主，整个空间十分简洁

→卧室床头背景墙以清新感十足的绿色为主，搭配白色的装饰画，颇具美感。床头两侧均设置有满墙镜，在视觉上拓展了空间

→厨房有些狭长，且宽度较小，一字形的橱柜设计在这样的空间内是最适合不过了。整个厨房以白色为主，搭配黑色的燃气灶和抽油烟机，现代科技与自然色彩结合在一起，更显厨房洁净

案例 80 摒除门洞创造全新格局

拆除门洞，设立新的生活区域，为空间增添更多设计感

户型分析

这是一套内部面积为58m²左右的户型，包含有客餐厅、厨房、卫生间各一间，卧室两间，一处过道，两处阳台。这套户型阳台采光充足，但卫生间和卧室2采光较少，且厨房不够明亮。设计要求以最经济的形式创造一个全新的具备设计感的时尚家居。

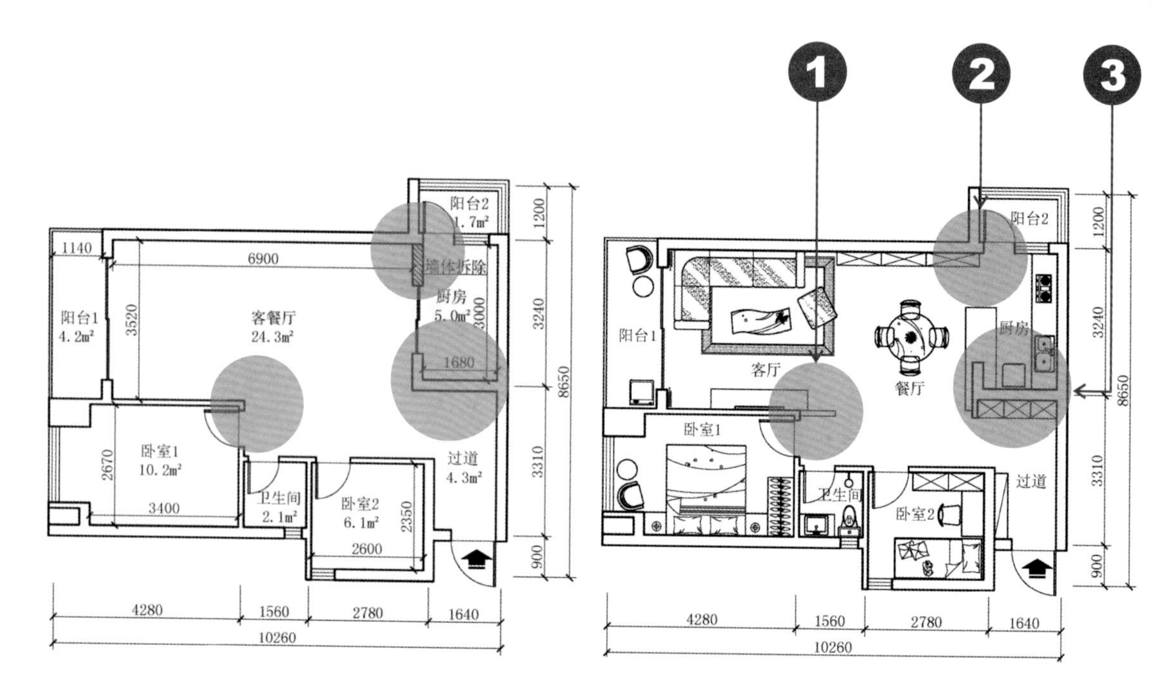

改造前

改造后

改造设计图

改造方法

❶ 为了与沙发处于同一中心线上，也为了视觉上的舒适性，电视背景墙在卧室1墙体的基础上还需延长800mm。

❷ 拆除厨房门洞以及门洞两侧的墙体，在餐厅处设置满墙酒柜，为住宅提供更多的存储空间，同时厨房开放式的格局也能使内部空间更明亮。

❸ 在厨房靠近过道处的一侧墙体新建一段长为400mm、厚度为120mm的墙体，与外侧墙体形成内凹空间，此处可设立储物柜。

↑小户型的客厅以简单的布置最为合适，原木色的家具还能为客厅增添不少的自然感，搭配柔和的灯光，客厅内的氛围更显融洽

↑卧室内衣柜与书柜一体，与传统的书柜有所不同，这种形式的衣柜设计使得卧室具备多重功能性，同时也更具设计美感

案例 81 巧拆墙体营造宽绰家居

拆除阻碍视野的非承重墙，增加住宅使用面积

户型分析

这是一套内部面积为51m^{2}左右的户型，包含有客餐厅、厨房、卫生间、书房各一间，卧室两间，一处过道，一处阳台。这套户型房型较小，客餐厅面积不算太小，采光也还比较充足。设计要求改变住宅内部格局，塑造一个更开阔视野、更显大气的住宅环境。

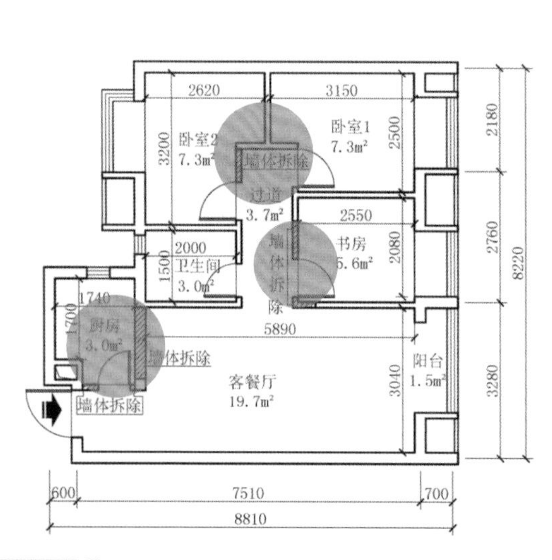

改造前

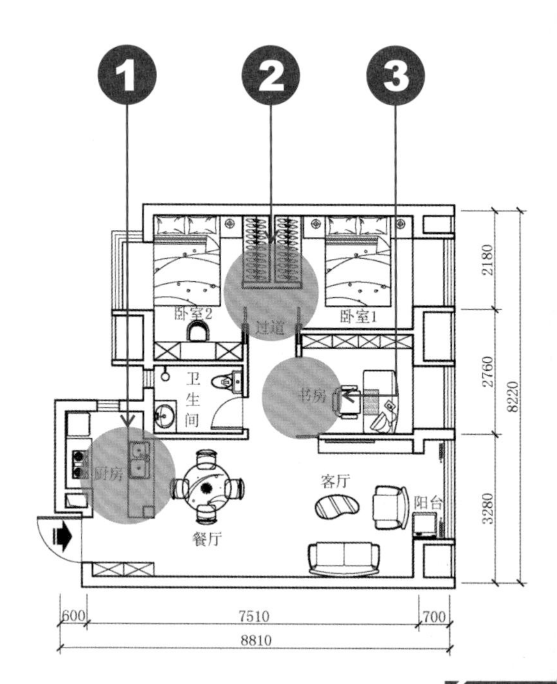

改造后

改造设计图

改造方法

❶ 为了更好地拓展厨房视野，增大厨房采光量，拆除厨房门洞以及靠近原客餐厅一侧的墙体，仅留下边长为240mm的正方形柱子。

❷ 拆除卧室2靠近过道处的纵向墙体，改变卧室2门洞的位置，卧室2新设立的门洞宽度为800mm，门洞与卧室1的门洞相对，并在此处安装长度为800mm、厚度为40mm的嵌入式推拉门。

❸ 拆除书房门洞及门洞周边的非承重墙，仅留下长为500mm的墙体，这既可作为书房书柜的支撑，也为了便于安装卧室1处的内嵌式推拉门。

→客厅电视背景墙延伸出去的一部分采用玻璃隔断制作，透过玻璃隔断，可以清晰地看到书房的场景，室内的视野不会受到实墙的阻碍，书房的亮度也能有所提高

→客厅沙发背景墙采用皮质软包结构和镜子制作而成，镜子可以有效地增加空间感，皮质软包结构则可以提升空间整体格调

→儿童房整体色调比较鲜亮，所放置的装饰品也都充满童趣。衣柜柜门错落有致。灯光也都以暖色为主，避免刺激到儿童的眼睛

案例82 化合为分增加新的功能

在功能分区中新建墙体，划分出另一分区，完善住宅

户型分析

这是一套内部面积为111m²左右的户型，这套大户型拥有着狭长的过道，充足的采光以及宽敞的卧室面积。设计要求根据使用人口情况建造更具生活气息和实用性的现代家居。

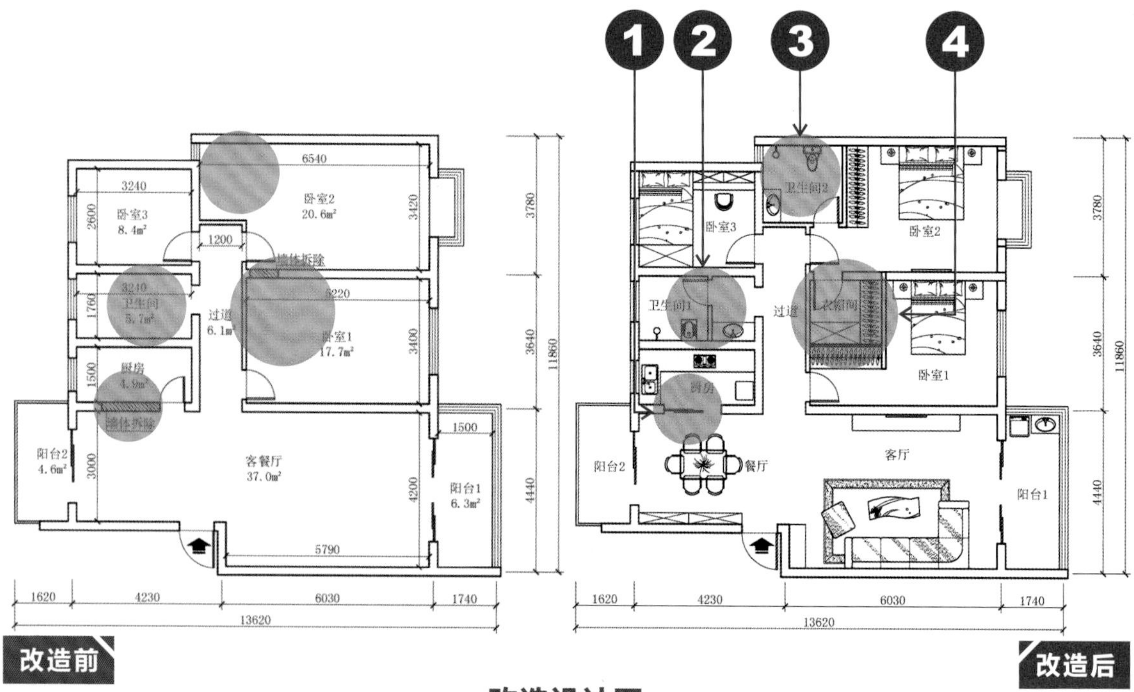

改造设计图

改造方法

❶ 拆除厨房靠近原客餐厅一侧的墙体，仅在左侧留下长为700mm的墙体，并拆除门洞，新建宽为1600mm的门洞，安装两扇长为800mm、厚度为40mm的玻璃推拉门。

❷ 拆除卫生间门洞，在合适的位置新建墙体，设立干湿分区。在淋浴区设置宽为700mm的门洞，并安装单扇推拉门，满足隐私需求，方便使用。

❸ 在卧室2内新建墙体，设立新的分区为卫生间2，新建墙体长度为2220mm。

❹ 拆除卧室1与卧室2共用墙体的一部分，并在此处设立新门洞，在卧室1内新建墙体，建造新的分区为衣帽间，新建纵向墙体长为2400mm。

↑大面积的纯色能够给人一种很洁净的感觉，客厅内无论是沙发，还是抱枕都采用了比较纯粹的色彩，墙面粉刷色也是如此，十分引人注目

↑富有造型的壁灯和餐厅的悬挂型吊灯为室内环境增添了不少的艺术色彩，且餐桌、餐椅自成一体，色彩和材质都十分相配

案例 83 合理改变避免单调乏味

在保留基本功能的基础上改造墙体，改变原始格局

户型分析

这是一套内部面积为135m²左右的户型，包含有客厅、餐厅、厨房、书房、衣帽间、设备间各一间，卧室两间，卫生间两间，一处过道，两处阳台。这套户型小分区较多，内部面积大，但客厅、餐厅面积不够集中。设计要求平衡分区，打破原始格局，营造一个更舒适的室内环境。

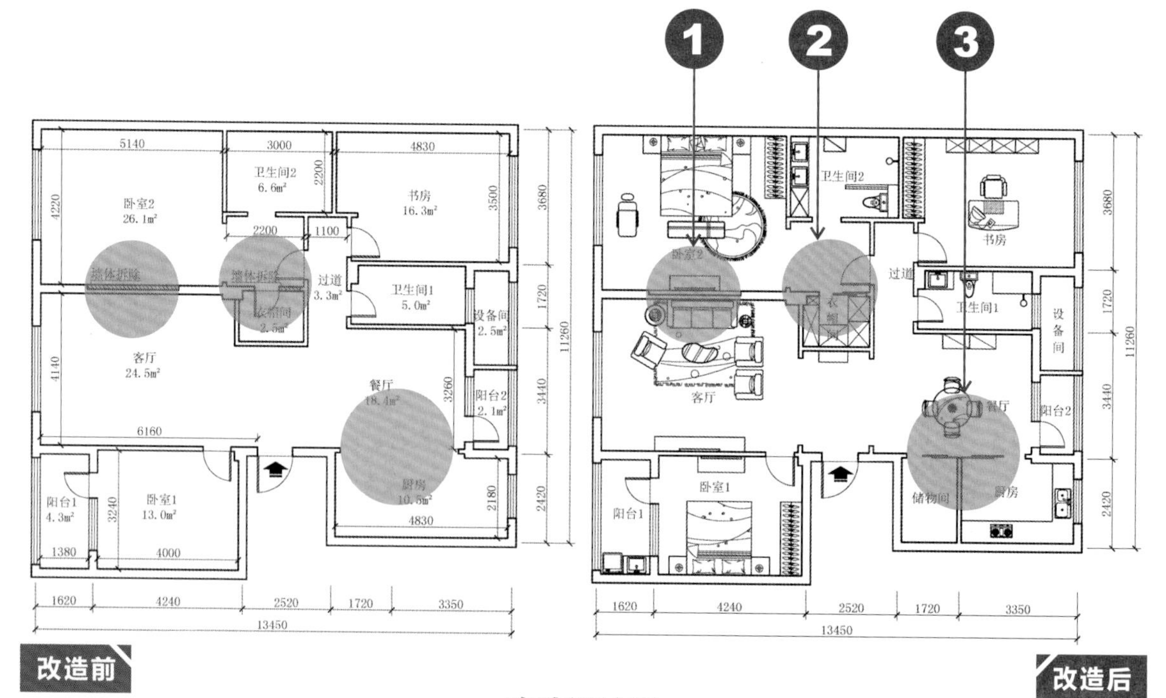

改造设计图

改造方法

❶ 拆除卧室2靠近客厅一侧的墙体，在此处形成内凹空间，放置电视柜，既节省空间，同时电视柜与墙体平齐，比较美观。

❷ 拆除衣帽间门洞，并将衣帽间开门方式改为两扇推拉门，推拉门宽度为650mm，厚度为40mm。在衣帽间外侧墙体两侧各新建一段长为200mm的墙体，此处放置鱼缸或其他装饰矮柜。

❸ 在厨房内新建一段长为2340mm的墙体，将厨房一分为二，其中储物间的横向长度为1540mm。

→多功能茶几和多功能电视柜可以为客厅提供更多的存储空间，同时这些家具的色调与沙发的色调一致，使得整个空间兼具现代特色和设计美感

→形似穹顶的顶部造型具有很浓郁的艺术气息，圆形的灯影和圆形的餐桌相互映衬，很有特色与创意性

↑书房花型吊灯独具特色的光影改善了书房单调的氛围，搭配书房内的绿植，十分好看

↑厨房以百搭的白色为主色调，地面铺设有易清洁且耐脏的深色瓷砖，颇具生活气息，在此处进行烹饪，十分惬意

案例 84 新建隔断强化美好家居

在合适的区域新建实体隔断，细化室内分区，改善空间布局

户型分析

这是一套内部面积为82m²左右的户型，这套户型适合于三口之家，每个功能分区都拥有采光通道，一条过道通向各个分区。设计要求配合软装，营造一个浪漫、温馨，更适合三口之家生活的住宅。

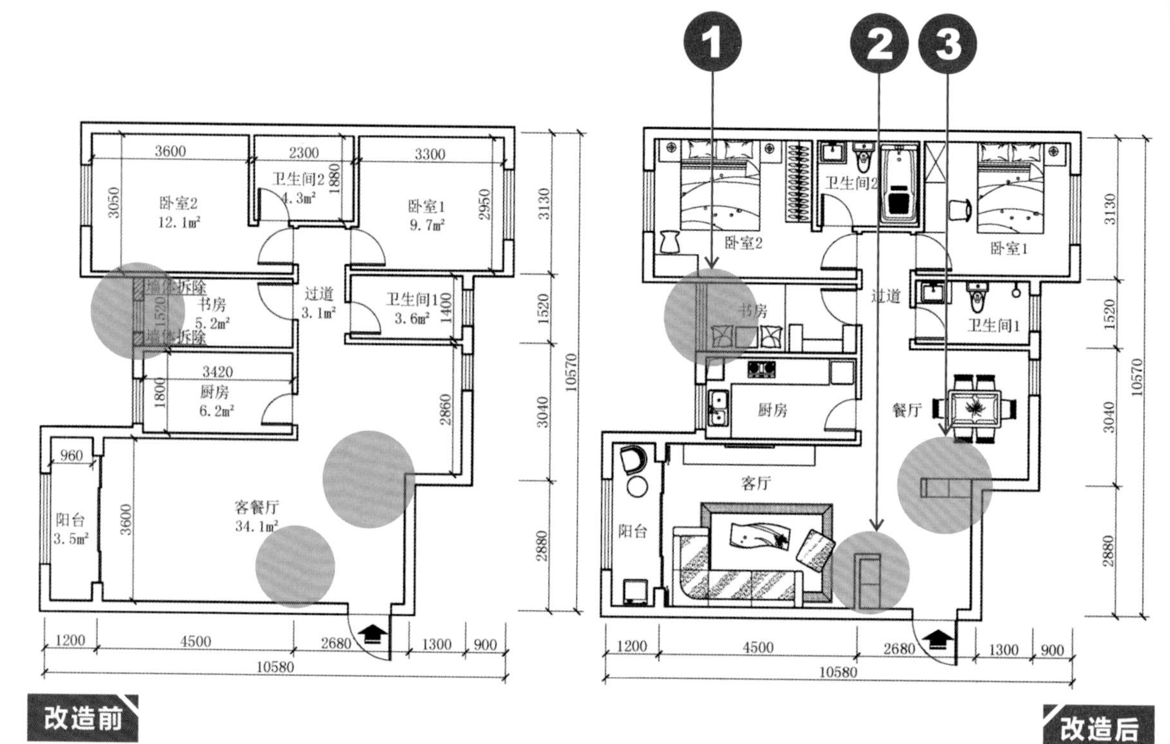

改造设计图

改造方法

❶ 拆除书房窗户以及窗户两侧的非承重墙，在书房内重新安装整面墙的窗户，以此扩大书房采光和通风，营造一个更舒适的学习环境。

❷ 在原客餐厅距离入户1200mm处新建一段长为1200mm、厚度为120mm的纵向墙体，和一段长度为450mm、厚度为120mm的横向墙体，在此处可设置鞋柜。

❸ 在距离入户纵向墙体1010mm处新建一段长为400mm、厚度为120mm的纵向墙体，并在此处设置隔断柜，以此来区分餐厅和玄关。

↑客厅形似树干的落地灯具有较好的装饰性。客厅壁纸所选用的色调与沙发色调属于同一色系，整个空间十分和谐、统一

↑榻榻米是近几年比较受欢迎的一种家居形式，带有升降台的榻榻米具备良好的收纳功能，同时也不会占用过多的空间，使家居生活更便捷

↑餐厅聚拢型的悬挂吊灯，光线柔和，不会轻易产生炫光，光线聚焦在食物上，能够增强食欲，营造更浓郁、更舒适的用餐氛围

↑阳台除了具备晾晒功能外，还具备休闲功能。原木色的三脚桌搭配原木色的靠背椅，阳光一点点地照射过来，配上一本书，一杯茶，十分惬意

案例 85 移门换门节省更多空间

改变门洞位置，变换开门方式，获取更多功能和使用空间

户型分析

这是一套内部面积为78m²左右的户型，这套户型卧室采光都比较充足，两间卫生间满足了日常的生活需要，但厨房内凸出的部分有些影响日常烹饪的进行。设计要求增加存储空间，完善日常生活动线。

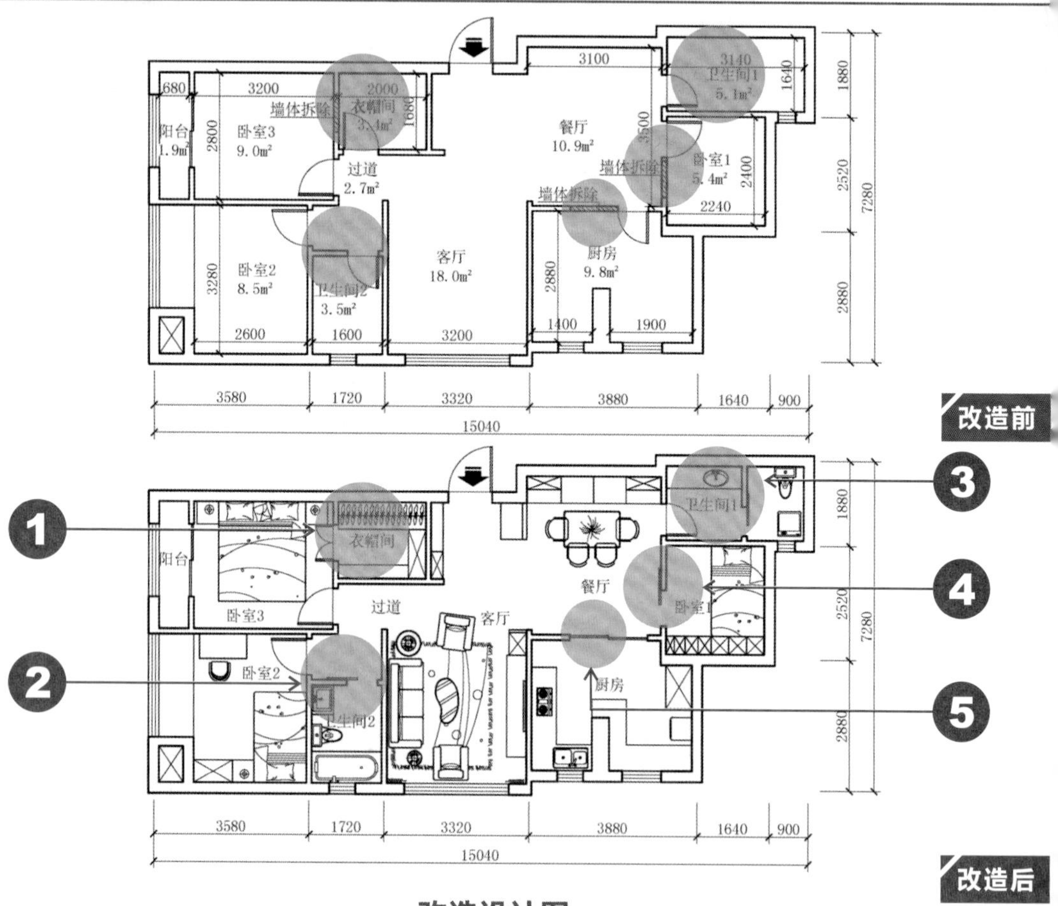

改造设计图

改造方法

❶ 改变衣帽间的开门方向，将衣帽间与卧室3合为一体，扩大存储空间。

❷ 将卫生间2的平开门更换为长700mm、厚度为40mm的单扇移门。

❸ 在距离卫生间1门洞1720mm处新建一段墙体，设立干湿分区。

❹ 拆除卧室1门洞旁的非承重墙，移动门洞位置，安装单扇玻璃移门。

❺ 拆除厨房门洞旁墙体，改平开门为两扇长为900mm的移门，扩大厨房空间和采光面积。

↑白色电视背景墙造型简单，兼具观赏性和实用性。墙面和顶面同样也是以白色为主，色调简单，更显空间简洁

↑厨房中间有方形柱子，以柜体包裹方柱，既能有效利用空间，同时也能弱化方柱带来的突兀感，不会显得厨房过于凌乱

↑餐厅设有沙发卡座，卡座旁白色的储物柜造型简约。餐桌、餐椅的纹样和色彩都与沙发卡座相搭配，这种形式的布局很适用于面积小的餐厅

↑入户处的鱼缸具有较强的观赏性。鞋柜色调与顶界面色调一致，同时鞋柜除基本的功能外还设有挂衣服的区域，实用性较强，适用于对储物功能要求较高的家庭

案例 86 分隔空间使家居更便捷

建立干湿分区，扩大采光通道，使室内格局更便于生活

户型分析

这是一套内部面积为62m²左右的户型，包含有客餐厅、厨房、卫生间各一间，卧室两间，一处过道，一处阳台。这套户型入户处比较狭长，阳台采光充足，卧室内有飘窗，通风良好。设计要求营造一个兼具设计感和生活气息的温馨家居。

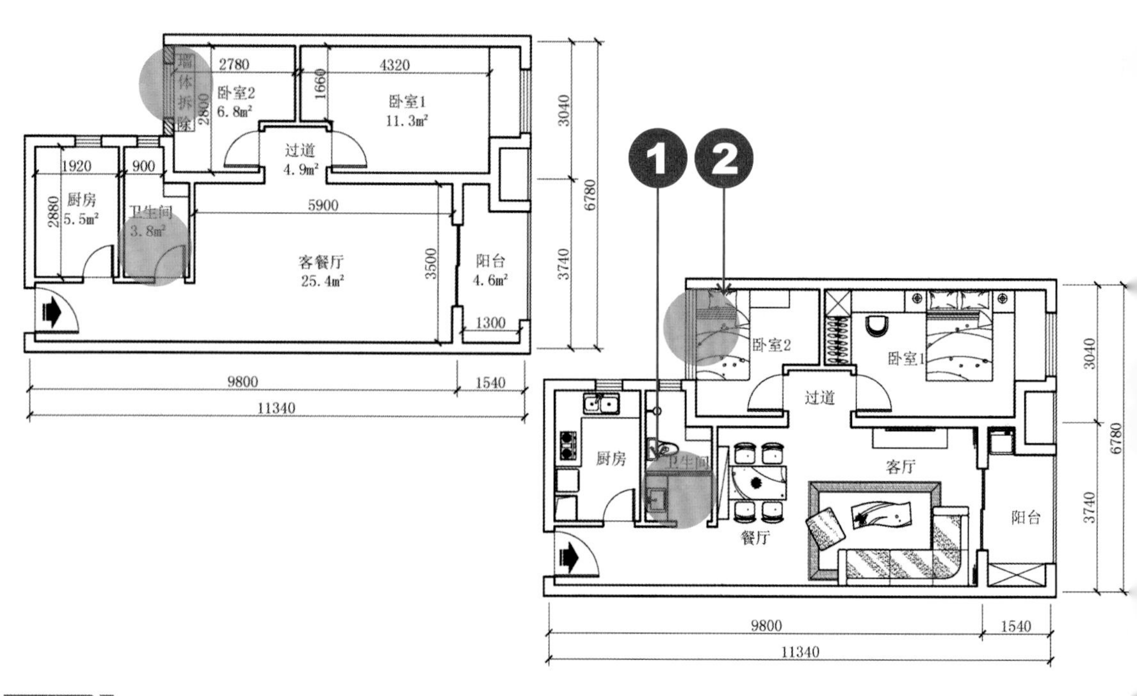

改造前

改造后

改造设计图

改造方法

❶ 拆除卫生间门洞，在距离卫生间门洞1000mm处安装玻璃框架隔断，并安装两扇长为700mm的移门，建立干湿分区。

❷ 拆除卧室2窗户两侧的非承重墙，安装整面墙的窗户，扩大卧室采光面积，增加卧室通风量，营造更舒适的睡眠环境。

↑要分隔客厅和餐厅，可以从灯具的选择以及地面铺设的材料上下功夫，这种形式上的分隔不会占用使用空间，同时样式各异的灯具也能为住宅带来更多的设计美感

↑卧室床头所选用的壁纸或者装饰画必须与整个空间形成统一，不可太过突出，否则容易给人一种不舒适的感觉，且会显得室内环境脏乱不堪

↑富有童趣的装饰画，色彩亮丽的墙面，这两种装饰手法运用于儿童房永远都不会过时。墙面色彩要以纯色为主，搭配其他纯色的风景画或人物画，营造魅力四射的童话王国

↑墙面可以为室内增加更多的存储，宽度适中的层板可以放置几株小绿植，清新空气的同时也能很好的装饰空间

案例87 巧拆墙从内部拓展空间

拆除内部结构中的非承重墙，为空间增加新的功能

户型分析

这是一套内部面积为43m²左右的户型，包含有客餐厅、厨房、卫生间各一间，卧室两间，并有两处阳台。这套小户型卧室和阳台采光都比较充足，但客餐厅面积比较狭长。设计要求扩大视觉效果，营造明亮小家。

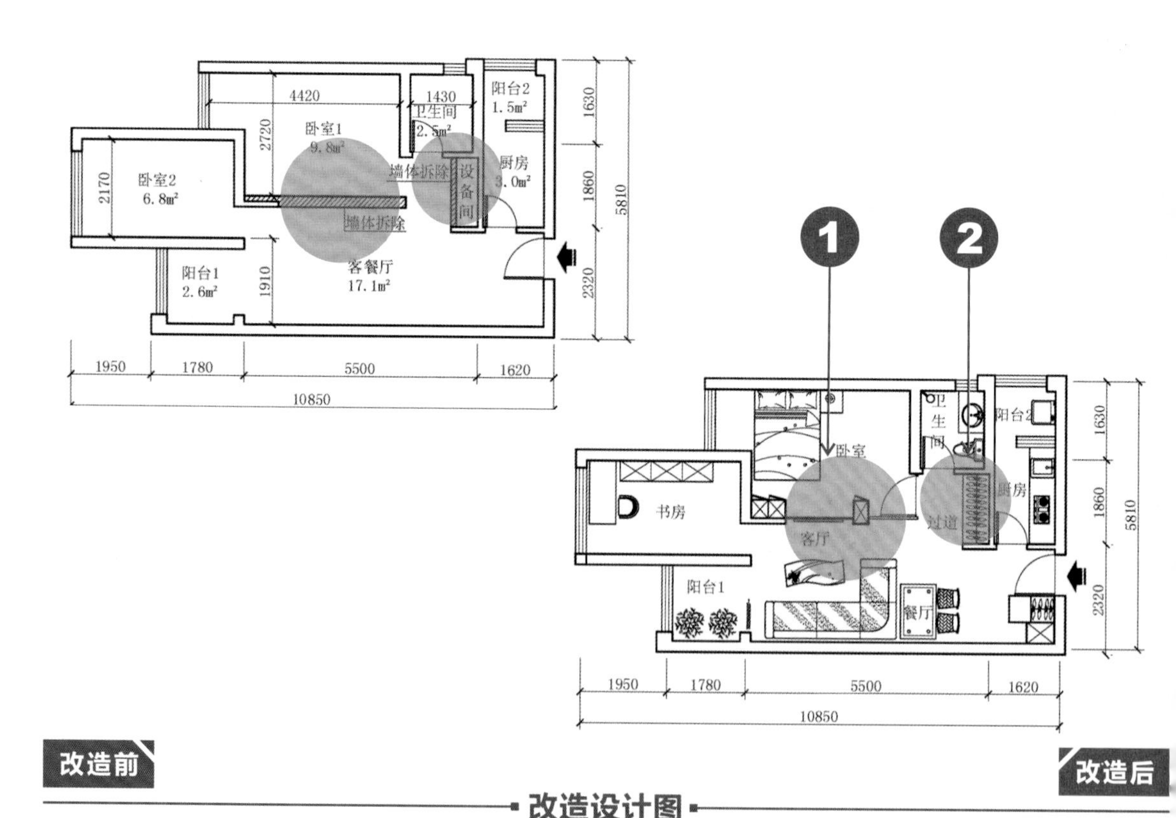

改造设计图

改造方法

❶ 拆除卧室1外侧的墙体，并在此处建立电视背景墙，延长区用玻璃隔断代替。

❷ 拆除卫生间外侧方形区域墙体，将原有的设备间拆除，重新利用，使其形成内凹空间，并在此处设立储物柜。

↑小户型的客厅与餐厅如果要进行分隔，建议以形式分隔，所选择的家具也建议以浅色和纯色为主，色彩过多反而会显得空间拥挤

↑狭长的书房选择层板会更适合，米白色的层板和米白色的书桌相互呼应，整个空间布局简单，空间更显开阔，层板下方的暖灯也为书房增添了更多的温馨感

案例88 巧用滑门使空间更通透

使用不占用空间的滑门，增强空间通透感，扩大视野

户型分析

这是一套内部面积为97m²左右的户型，包含有客餐厅、厨房、卫生间、书房各一间，卧室三间，一处过道，两处阳台。这套户型采光通道较多，通风良好，但过道狭长。设计要求通过基础的户型改造来营造一个更开阔的室内环境。

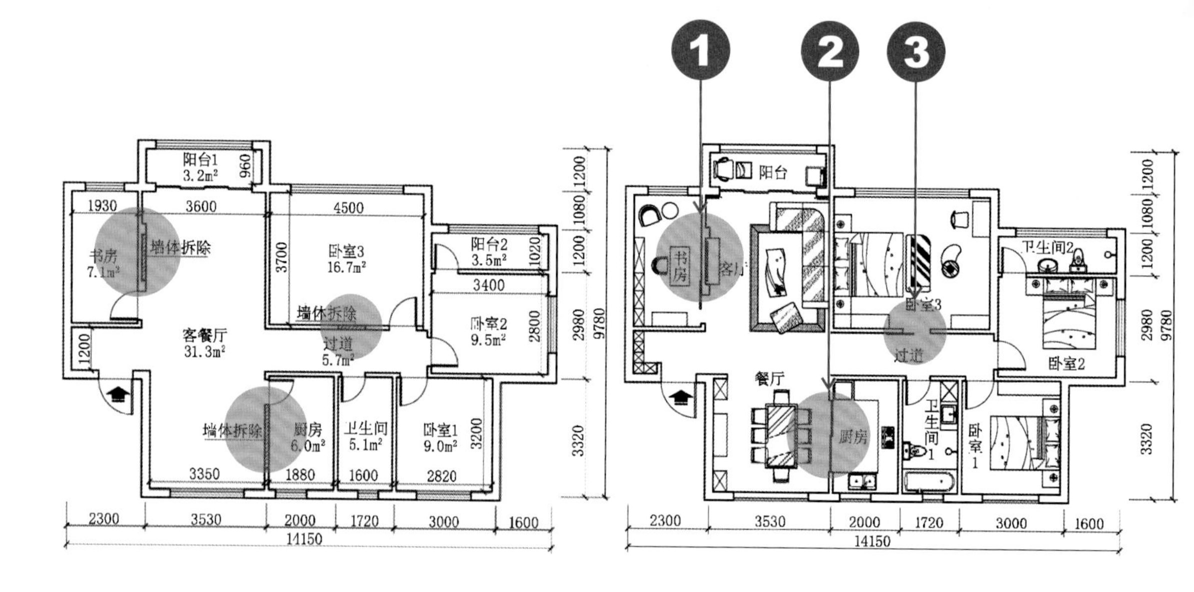

改造设计图

改造方法

❶ 拆除书房门洞旁墙体，拆除墙体长度为1300mm、厚度为120mm，在拆除后的内凹空间内可放置电视，同时为书房安装更具通透性的滑门。

❷ 拆除厨房靠近原客餐厅一侧的墙体，改变厨房开门位置，安装长为1000mm的双扇玻璃滑门，为厨房增加更多的使用空间，同时也能使厨房更显明亮。

❸ 拆除卧室3靠近过道一侧的墙体，在距离原始门洞700mm处，拆除长为800mm的墙体，墙体拆除后在此处安装长为800mm、厚度为40mm的单扇滑门，这样既可以为卧室增加更多的使用空间，也可以使卧室采光拓展到过道，提高过道亮度，方便日常行走。

→纵向延伸的顶部造型恰好符合长方形的客餐厅，两者在形式上形成呼应，同时客厅内留有足够的行走通道，整个空间愈发显得敞亮、大气

→书房设有满墙书柜，没有完全封闭的书柜会更激发人的阅读兴趣。书桌上小件的地球仪和功能台灯以及沙发椅旁的落地灯，在材质和色泽上都形成呼应，使室内氛围十分和谐

↑面积较大的主卧除放置基本的大床外，还可放置电视以及双人沙发，在卧室内创造另一个小型休闲空间，这样也能弱化大卧室带来的空洞感，同时适合的沙发也不会使空间显得凌乱、拥挤

↑干湿分区适用于面积较大或者对功能要求比较高的区域，一般狭长形的卫生间设置长方形的淋浴分区会更适合，而方形的卫生间则适宜设置圆弧形的淋浴分区

案例89 去除实体墙塑造大空间

拆除墙体，改用玻璃隔断和玻璃移门代替，获取更开阔的空间

户型分析

这是一套内部面积为62m²左右的户型，包含有客厅、餐厨、卫生间、卧室、储物间各一间，并有一处过道。这套户型内部结构十分方正，基本功能分区都有，但缺少阳台，住宅内部实体墙较多。设计要求营造一个视野更开阔、更实用的简约家居。

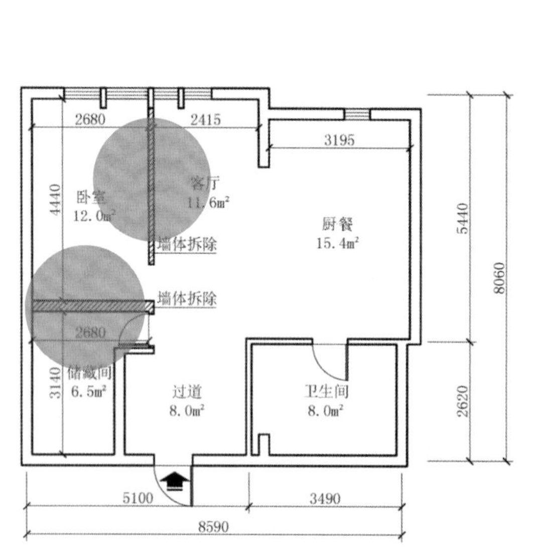

改造前

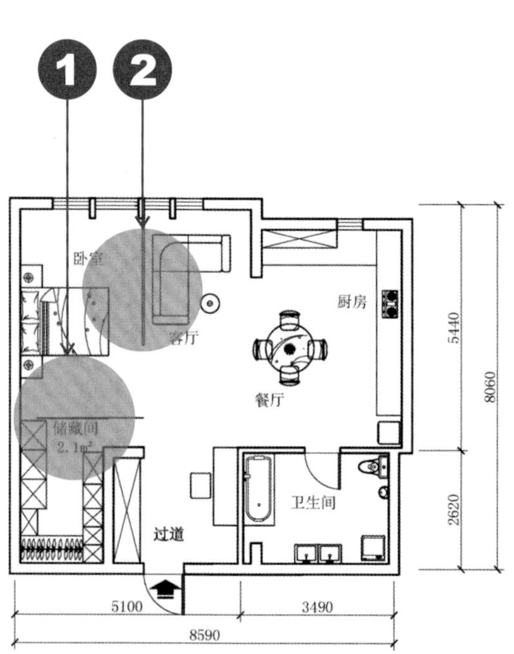

改造后

改造设计图

改造方法

❶ 拆除储物间门洞以及门洞旁横向墙体，并安装两扇长为1600mm、厚度为10mm的超轻薄移门，提高储物间亮度，扩展其空间。

❷ 拆除卧室靠近客厅一侧墙体，安装长为2800mm、厚度为40mm的玻璃隔断，这样既可以分区，同时也不占用空间，且玻璃隔断拥有较好的通透性，更能开阔视野。

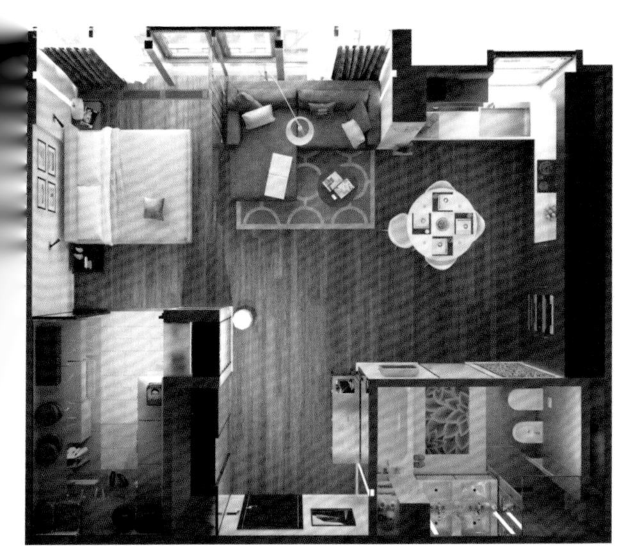

←小户型中的墙体不宜过多，应当尽量敞开，显得通透，室内居住空间就会显得更开阔

→餐厅在右侧，客厅位于中央，左侧为卧室，将三大区域尽量分开

→面积较小的餐厅，如果和厨房合为一体，用内凹形的层板代替吊柜会更适合，这种布局也会显得餐厅更开阔。同时要利用好空间内原有的内凹空间，为住宅创造更多的可能性

→玻璃隔断既可以是装饰，同时也可以具备一定的使用功能。通透性较好的玻璃隔断能够很好地分隔空间，也能有效地扩大空间的视觉效果

案例90 改变门洞避免空间相冲

移动门洞，更改开门方式，使空间布局更具逻辑性

户型分析

这是一套内部面积为79m²左右的户型，这套户型餐厅面积较小，过道狭长，但采光还算比较充足。设计要求在较经济的费用基础上打造兼具时尚与实用性的中型家居。

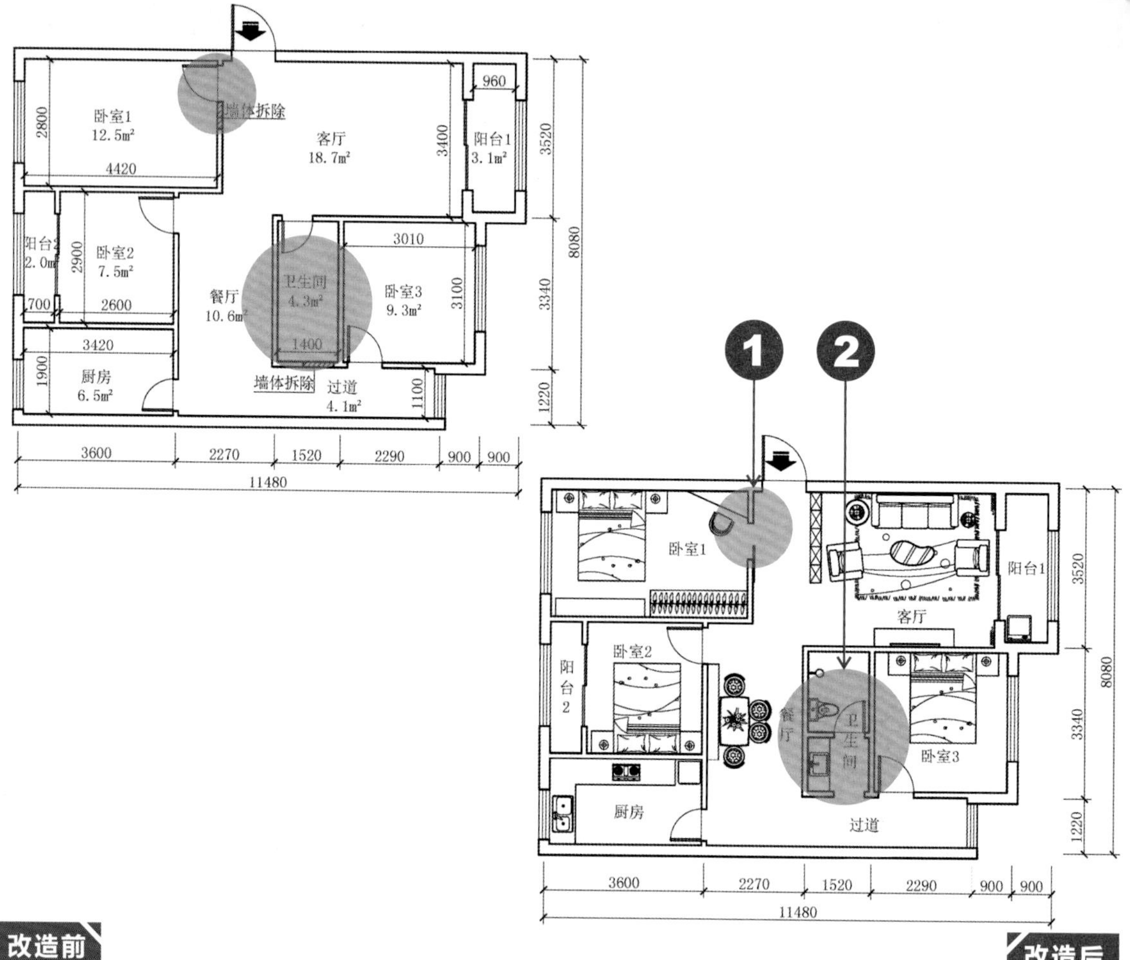

改造设计图

改造方法

❶ 拆除卧室1门洞旁的墙体，安装单扇推拉门，预留梳妆台空间。

❷ 拆除卫生间原始门洞，并封闭洞口。在距离原始门洞垂直方向新建一段墙体，建立干湿分区，方便日常使用。拆除卫生间靠近过道处的墙体，在此处开凿新的门洞。

↑异型的茶几能够为客厅带来更多的创意性，原木色的酒柜和电视柜为客厅带来浓郁的自然感，搭配金属支撑的靠背椅，整个空间时尚而又充满质朴感

↑卧室不论面积大小，最重要的就是要营造柔和的灯光环境，以便使人更易入睡，空间内灯光需以暖色为主，室内不宜过于拥挤，仅布置基础设施即可，可适当配置装饰挂画，用以调节情绪

↑镜面玻璃可以扩大空间视觉效果，灯光经过镜面玻璃反射，照射到空间内的每个角落，使整个住宅明亮而又充满神秘感

案例 91 敢于突破创造魅力家居

改变住宅内部结构，打造新的隔断，提升住宅格调

户型分析

这是一套内部面积为62m²左右的户型，这套户型东西相通，阳台采光充足，但整个户型空间感不够强。设计要求扩大空间视觉效果，增强空间开阔感。

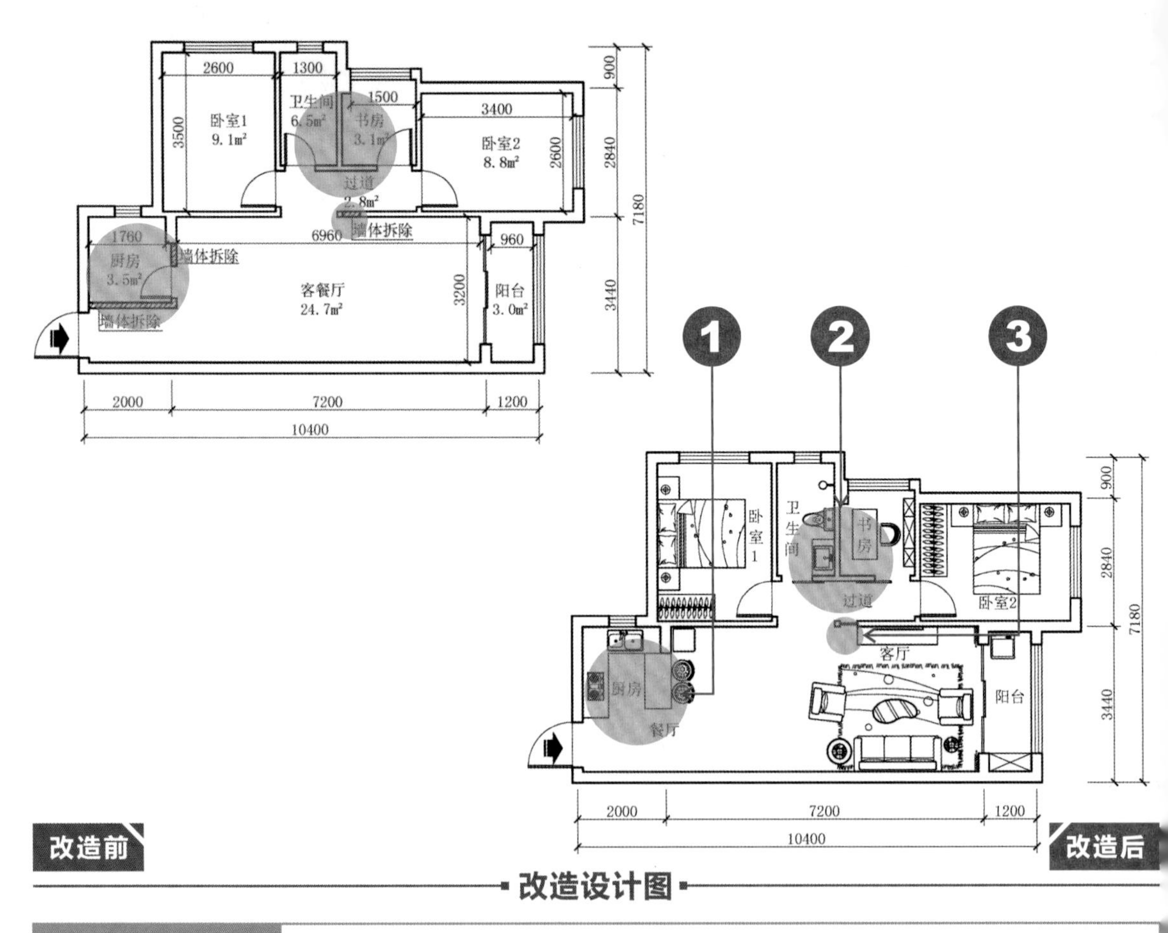

改造设计图

改造方法

❶ 拆除厨房门洞以及周边墙体，仅留下门洞旁长为580mm的承重墙，在此处设立吧台，既可以作为餐桌使用，同时也可当作橱柜使用。

❷ 更换卫生间与书房的房门，安装可以更节省空间、使用更便捷的单扇推拉门。

❸ 拆除卧室2水平方向延长的部分墙体，拆除长度为400mm，并在此处设立玻璃隔断。

↑蓝色和米白色的搭配，能营造浓浓的舒适感和洁净感，烛台吊灯和烛台壁灯则使室内空间更具有浪漫气息，显得空间更大气

↑书房面积较小，仅放置基本的家具即可，书柜分格明显，便于日常拿取，黑白经典色系的搭配也使得书房内更显整洁

案例 92 开放格局扩大存储空间

拆除不需要的隔断墙，建立更明亮、宽敞的室内环境

户型分析

这是一套内部面积为30m²左右的户型，包含有客餐厅、厨房、卫生间各一间，并有卧室一间。这套户型套内面积很小，但基本的功能分区都有，该户型没有阳台，客厅内也没有直接的采光通道。设计要求通过墙体改造为室内获取更多的采光量和存储空间。

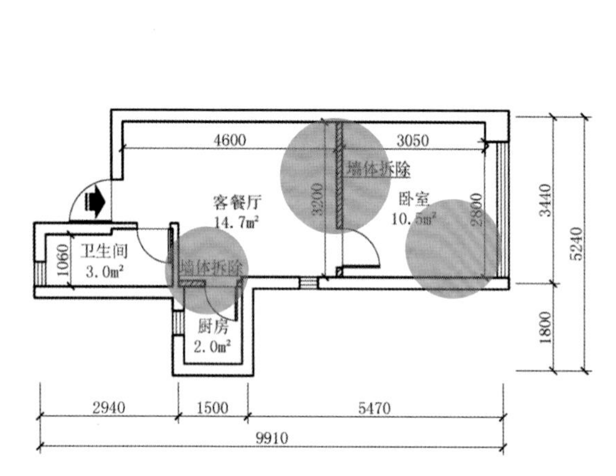

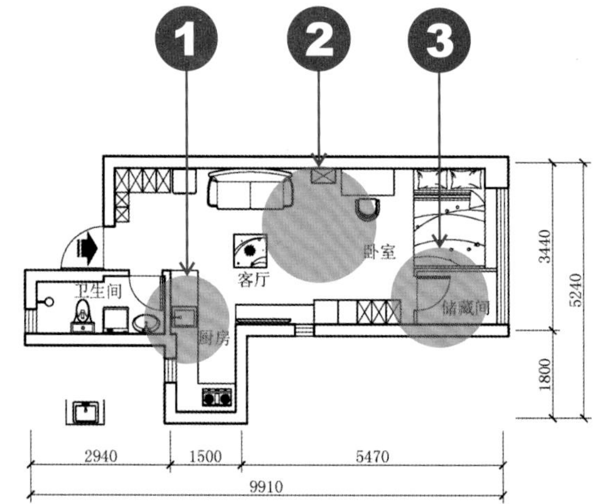

改造前

改造后

改造设计图

改造方法

❶ 拆除厨房门洞以及门洞一侧的非承重墙，设置L形橱柜，塑造开放型厨房，以此扩大厨房活动范围，增强采光。

❷ 拆除卧室门洞及门洞周边墙体，打通卧室和客厅，并设立储物柜，分隔这两个空间。

❸ 在卧室旁设置一处独立的储藏间，便于收纳日常生活中不常使用的物品，同时也能更好地节省空间。

↑客厅顶部射灯对称排列，可以照亮整个客厅。地面铺设有纵向延伸的木地板，增强了室内的空间感

↑白色书柜放置于横梁下，有效地分隔了卧室和客厅。书桌和墙面层板均选用了百搭的白色系，墙面粉刷亮绿色，整个空间氛围活泼，令人倍感舒适

案例 93 移动墙体扩大活动空间

改变室内墙体位置，扩大部分功能分区面积，更便捷地生活

户型分析

这是一套内部面积为92m²左右的户型，包含有客餐厅、厨房、书房各一间，卧室两间，卫生间两间，一处过道，两处阳台。这套户型采光很充足，功能分区较多，相应的拐角也较多。设计要求改造后室内行走流畅，明亮宽敞。

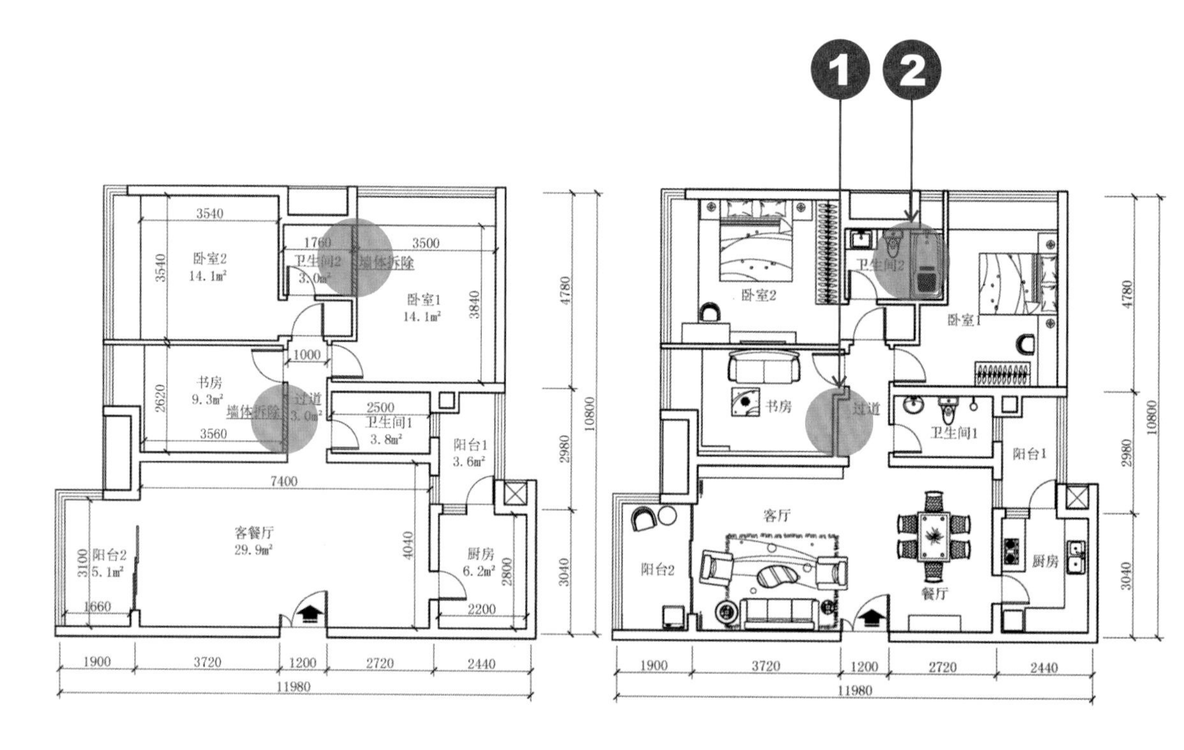

改造前

改造后

改造设计图

改造方法

❶ 拆除书房门洞旁墙体，将其往里缩进280mm的距离，过道宽度由原来的1000mm增至1280mm，便于多人行走。

❷ 拆除卫生间2靠近卧室1处的墙体，将其向外扩充580mm，为卫生间获取更多的沐浴空间。

↑入户处即是客厅与餐厅，这种布局的房型需要重点装饰客厅与餐厅。高度适宜的环形吊灯在起到较好的照明作用的同时，也能给人眼前一亮的感觉

→花型吊灯灯光不会很刺眼，同时还能活跃卧室内的气氛，搭配卧室内的其他装饰，能营造出更舒适的休憩环境

←封闭式的书房要注意地面铺设材料的选购，不宜选择色彩太过复杂的。书柜和其他储物柜的色系也最好以浅色为主，这样也能缓和封闭小空间带来的压抑感

案例94 修整墙体改善内部结构

改变墙体围合形式，更改功能分区开启方式，完善住宅

户型分析

这是一套内部面积为62m²左右的户型，这套户型客餐厅和卧室面积都较大，满足日常需要，采光通道也比较多，通风良好。设计要求完善功能分区，以能满足在此长久生活的需要。

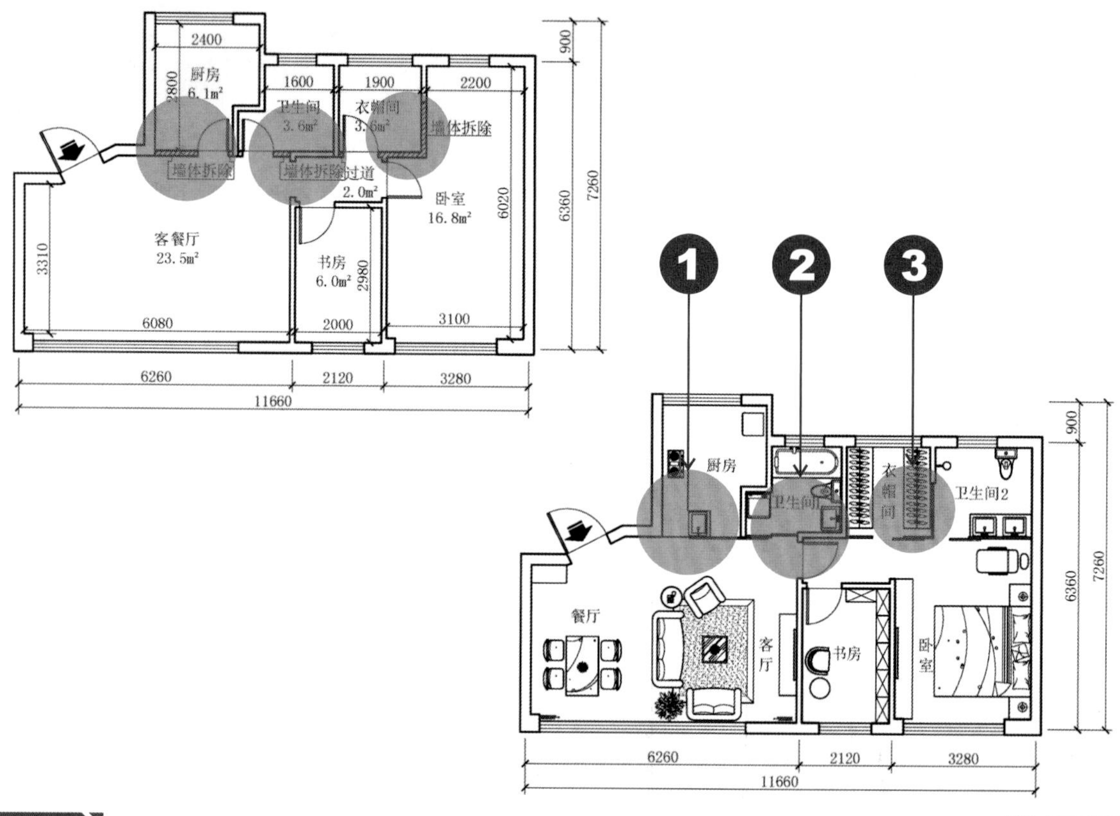

改造设计图

改造方法

❶ 拆除厨房门洞周边非承重墙，拆除门洞，改变厨房开门方式，安装通透性更好、开合更省空间的推拉门，营造明亮的烹饪环境。

❷ 拆除原卫生间门洞，和厨房一样安装更具有特色的双扇移门，以此增大卫生间1通风量，增加卫生间内部空间，便于放置更多洗漱用品。

❸ 拆除衣帽间门洞及其垂直方向上的墙体，并用玻璃隔断代替，同时沿着衣帽间横向方向，在卧室内设立卫生间2，创造更便捷的生活。

→采光充足但层高较低的客餐厅适合选择平顶，为了增强顶面的观赏性，可以在平顶上增加一层装饰贴膜，这样既不会显得空间压抑，也具有一定的美观性

→不同的灯具所形成的光影不同。餐厅吊灯形似茶罐，所投射的光影与户外的阳光交相辉映，整个餐厅气氛静谧而美好

↑白色的墙面显得厨房愈发的洁净，深色的橱柜不仅耐脏还能调节空间色彩，自然照明和人工采光同时作用，整个厨房更显明亮

↑纯白的卧室会令人产生一种视觉疲惫感，在卧室内增加灰色窗帘，几束色彩素雅的小花，既能缓解视觉疲劳，也能净化卧室环境

案例 95 去除多余分区优化空间

依据实际情况减少原始分区，建立更满足需要的新分区

户型分析

这是一套内部面积为90m²左右的户型，这套户型面积虽大，但分区过于紧凑，走道不够流畅，好在采光和通风还不错。设计要求调整功能分区，建立更明朗的室内环境，以便于更舒适的生活。

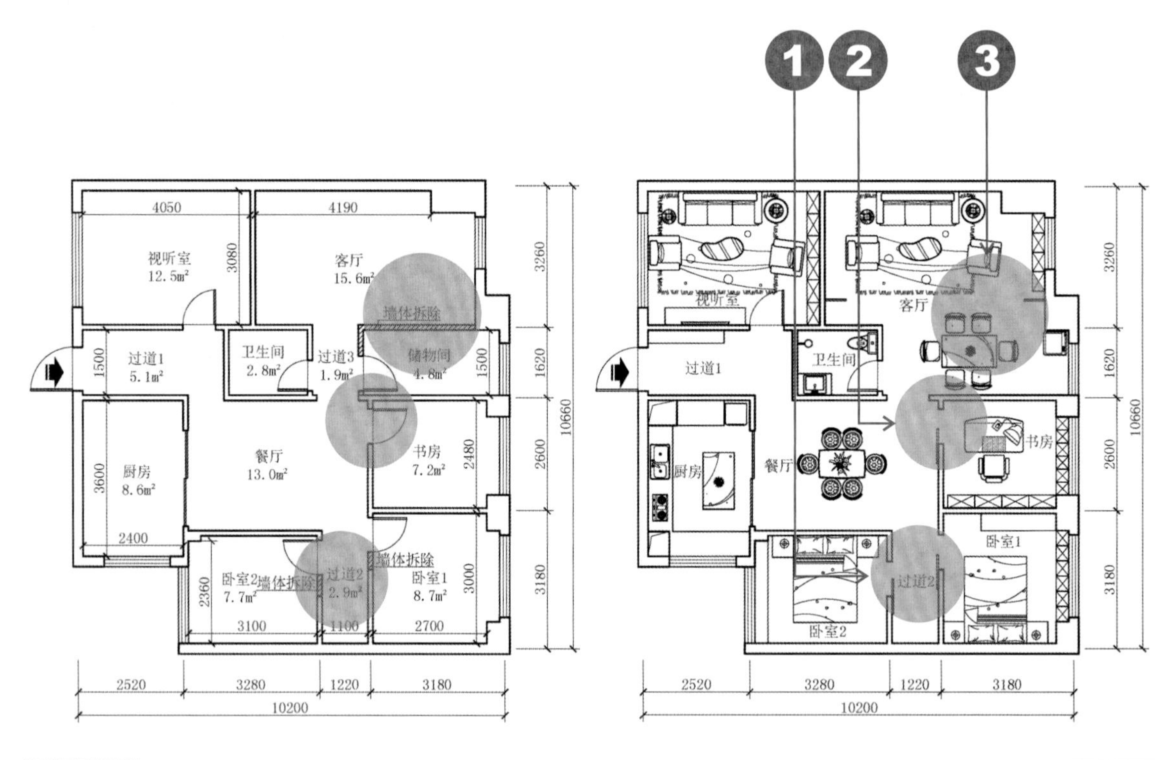

改造前　改造后

改造设计图

改造方法

❶ 拆除卧室2和卧室1的门洞，改原始平开门为更节省空间的推拉门，以此增大室内活动范围，便于放置更多生活必需品。

❷ 拆除书房门洞，和卧室一样安装推拉门，便于放置更多的书房用品，同时增强书房通透性。

❸ 拆除原储物间墙体，将原储物间更改为兼具餐厅和休闲功能的新分区，同时也能有效地增强客厅通风和增大采光量，创造更明亮的室内环境。

→镂空的屏风隔断色彩与空间主色调统一，以不太占用空间的形式将客厅与餐厅进行实体分隔，丰富了空间形式

→卧室色调统一，室内布局简单，没有复杂的装饰品，简单的绿植就可以很好地提亮卧室亮度，丰富卧室环境，提高卧室舒适感

→大面积的厨房除了设置U形橱柜外，还可在其中心额外设置一个吧台。吧台可以很好地装饰厨房，强化厨房的空间感

案例96 改变布局利用异型空间

拆除隔断墙体，更改分区面积和存在形式，创造更明朗的环境

户型分析

这是一套内部面积为40m²左右的户型，包含有客餐厅、厨房、卧室各一间，卫生间两间，并有一处过道。这套异型家居采光通道较多，但面积都较小，卧室面积较大，卫生间面积较小。设计要求巧妙利用异型空间，营造窗明几净的简欧小家。

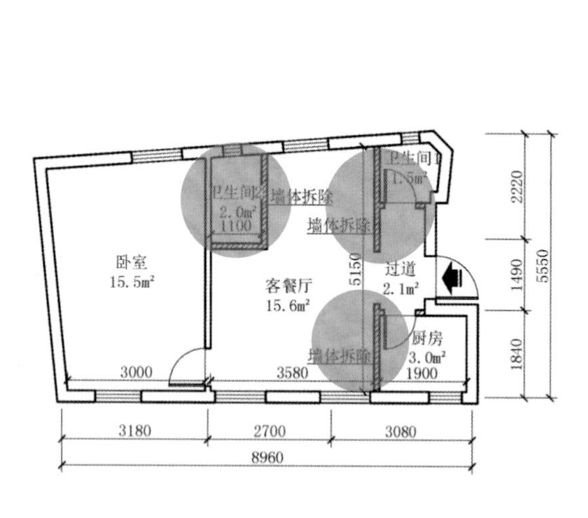

改造前

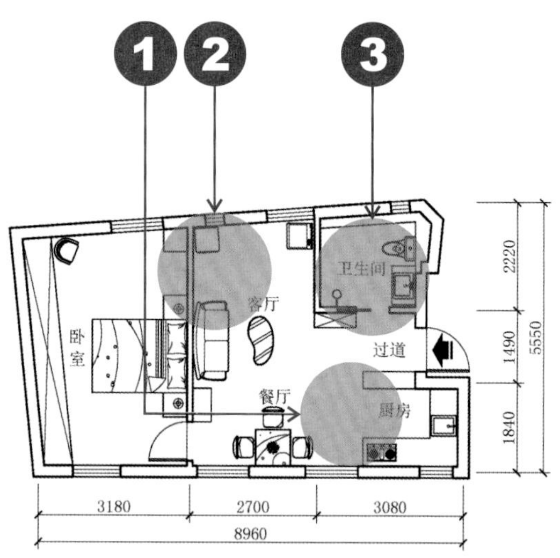

改造后

改造设计图

改造方法

❶ 拆除厨房门洞以及与门洞垂直的纵向墙体，建立开放式厨房，在门洞处设立吧台，吧台兼具用餐与储物功能，同时也具备较好的观赏性。

❷ 拆除原卫生间2两侧墙体，将其并入到客厅中，以此扩大客厅面积，增强客厅采光和通风，营造更明亮的客厅环境。

❸ 拆除原卫生间1纵向方向上的墙体，扩大卫生间的面积，将其横向长度增至2340mm，纵向长度增至1960mm，便于日常洗漱活动的进行。

→木质地板具有较好的脚感，色调较浅，可以很好地与棉质灰色沙发搭配。整个客厅布局很简单，不同风格的装饰画搭配在一起，统一而又独具特色

→厨房凸出的墙体没有很强的存储作用，但为了整体的美观性，在凸出墙体上可设置几幅富有深意的装饰画，整个厨房的格调也会随之上升

→壁炉是典型的欧式装饰，壁炉上方可以放置绿植，色调以纯色为主，以便于更好地搭配空间中的其他色调

案例 97 拆除墙体塑造大复式楼

拆除室内多余的非承重墙，为复式楼获取更多的使用空间

户型分析

这是一套一层内部面积为26m²左右，二层内部面积为9m²左右的户型，一层包含有客厅、餐厅、厨房、卫生间各一间，二层仅包含卧室。这套小复式厨房空间较小，但卫生间面积尚可，整个空间内客厅采光最为充足，其他区域采光较少。设计要求增加分区，满足日常生活需求，营造明亮家居。

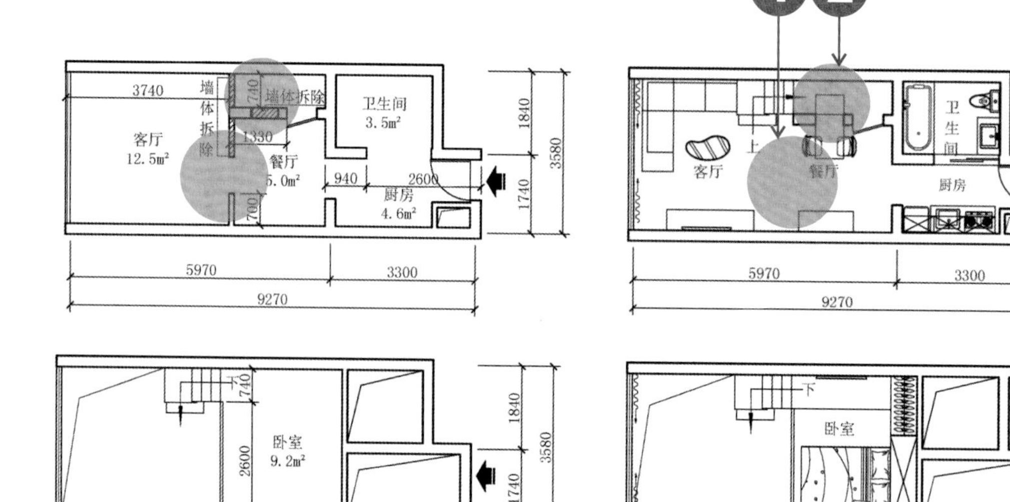

改造前

改造后

改造设计图

改造方法

❶ 拆除分隔客厅与餐厅的墙体，拆除长度为700mm，在拆除区域处设置电视背景墙和储物柜，以便后期的生活需要。

❷ 拆除柱子中间以及与柱子垂直的墙体，在此处新建楼梯，设立餐桌与角柜，增强餐厅采光和通风。

→木质小台阶可以很好地分隔客厅与餐厅，既不会占用空间，还能增强室内空间的层次感

→复式楼的客厅层高较低，坐高较低的沙发和矮几会更适合。同时地面铺设柔软的毛毯，配上柔和的灯光，温馨小家动人心弦

↑特殊的空间有特殊的设计方法。餐厅酒柜设置于墙体内，没有很大，刚好够放置几瓶好酒，搭配上下照射的灯光，整个空间独树一帜

↑楼梯采用木质材料制作，脚感舒适，复式楼空间较小，不适宜设置整面墙的实体柜，具备一定存储功能的开放式层板柜会更适合，也更加能突显空间特色

案例 98 以形补形改变室内结构

拆除墙体，打造新的结构，使室内布局更满足生活需要

户型分析

这是一套内部面积为52m²左右的户型，包含有客厅、餐厅、厨房、卫生间、书房、卧室各一间，外加一处阳台。这套户型没有异型空间，比较中规中矩，厨房和书房采光较少，客厅和卧室采光比较充足。设计要求提高空间利用率，创造简约型家居。

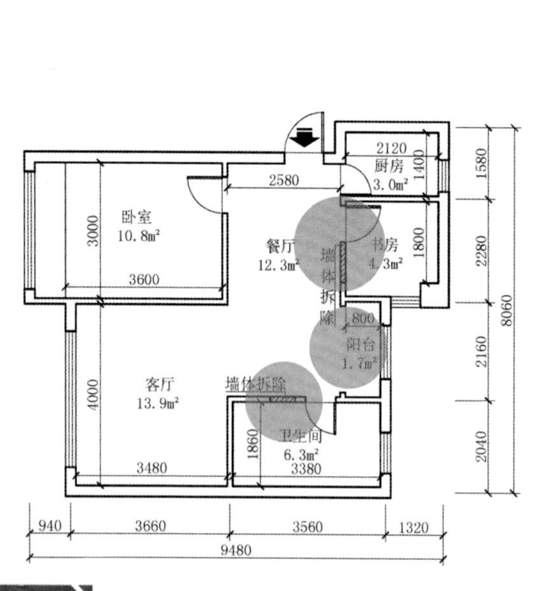

改造前

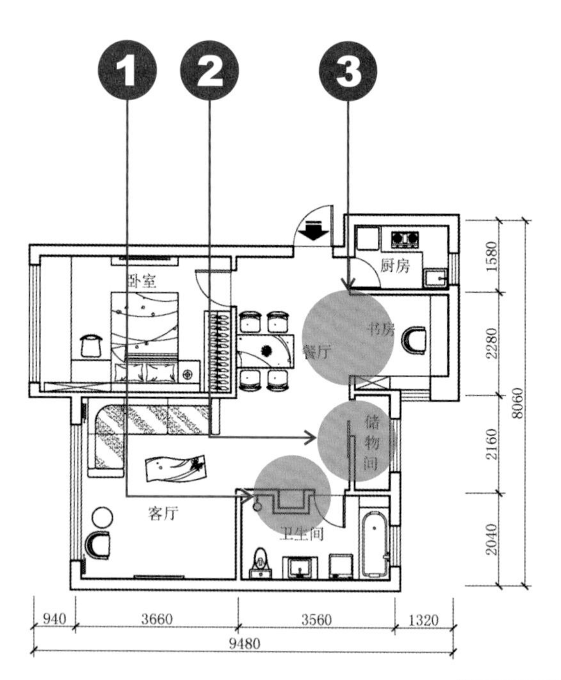

改造后

改造设计图

改造方法

❶ 拆除卫生间靠近餐厅一侧的墙体，拆除墙体长度为580mm，在拆除区域新建内凹空间，内凹空间深度为400mm，此处可放置储物柜或其他家具，以此来改变卫生间狭长的结构。

❷ 将原阳台改为储物间，新建墙体，留出宽度为800mm的门洞，安装单扇推拉门，更高效地利用空间。

❸ 拆除书房门洞和门洞一侧的墙体，仅留下长为300mm的承重墙，作为空间隔断和书柜侧面的支撑体。

→客厅窗户几乎布满了整面墙，为了更好地利用这种结构，所选择的窗帘建议以透光的纱质窗帘为主。客厅的家具色调也适合以浅色为主，这样也能使小户型更显整洁、大气

→餐厅墙面所铺贴壁纸与地面材料属于同一色系，原木色的餐桌与柜体旁贴面色系一致，连餐椅的坐垫色彩也与柜体内侧凹陷空间色系一致，空间内处处呼应，整个住宅十分协调

↑书房横梁下设置有长条形的书桌，白色的书柜与书房墙面以及顶面色彩一致，书房入口处绿色的墙面则活跃了书房内的气氛

↑卧室内横梁下方设置有内凹空间和层板，内凹空间内可以放置电视机，层板上则可以放置常用的小物件，即使是横梁下方的微小空间也得到充分利用

案例 99 以门换门使空间更开阔

拆除单扇平开门门洞，更换开阔视野的推拉门，增加室内存储

户型分析

这是一套内部面积为33m²左右的户型，包含有客餐厅厨房、卫生间、卧室各一间，外加一处阳台。这套小户型采光充足，但客餐厅与厨房处于同一区域，使用不太方便。设计要求合理分隔空间，扩大空间的视觉效果。

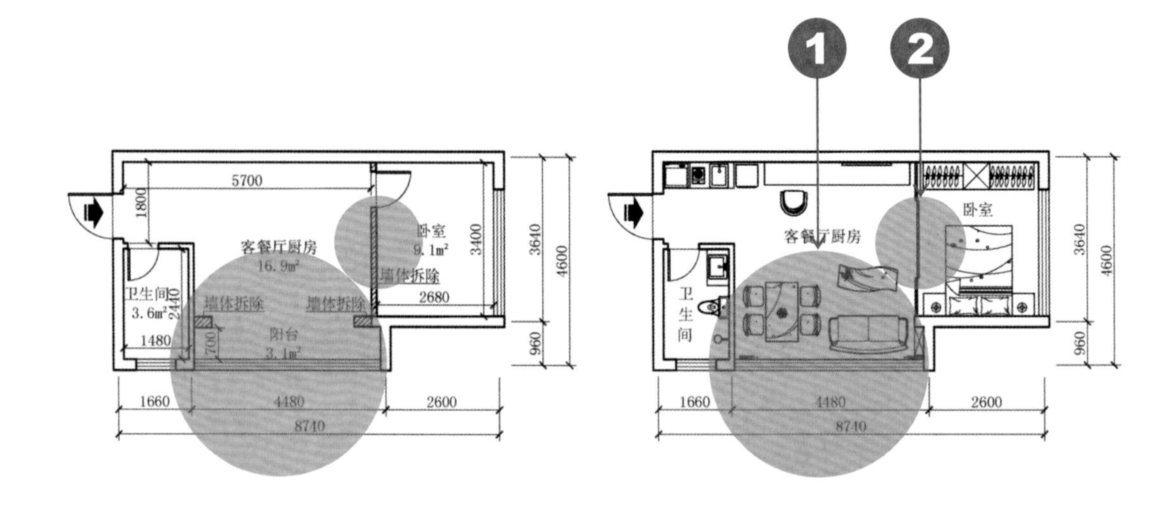

改造设计图

改造方法

❶ 拆除原阳台门洞两侧的墙体，将原阳台纳入到客餐厅与厨房中，选择双人沙发，扩大客餐厅与厨房采光面积，开阔客餐厅与厨房视野。

❷ 拆除卧室门洞以及门洞一侧的墙体，安装更通透、透光性更强的推拉门，扩大客餐厅与厨房采光。

→小户型更适合选择开放式的格局，开放式的格局能有效地增强空间立体感。顶面不同的造型在形式上对客餐厅进行了有效的分隔，使得整个空间更协调、更大气

→厨房设置有吧台，吧台具有提供用餐的功能，同时也可以分隔出客厅和厨房。吧台下方还可以放置物品，能使空间得到有效利用

→卧室茶色的玻璃移门，在保证基础透光的前提条件下能够为卧室提供一定的隐私保护，同时茶色能够给人一种安静的感觉，有利于室内睡眠环境的营造